Environmental Regulation and
Green Economic Growth in China

中国环境规制
与绿色经济增长

弓媛媛 著

经济管理出版社
ECONOMY & MANAGEMENT PUBLISHING HOUSE

图书在版编目（CIP）数据

中国环境规制与绿色经济增长/弓媛媛著.—北京：经济管理出版社，2020.5
ISBN 978 - 7 - 5096 - 7096 - 5

Ⅰ.①中…　Ⅱ.①弓…　Ⅲ.①环境规划—关系—绿色经济—经济增长—研究—中国
Ⅳ.①X32②F124.5

中国版本图书馆 CIP 数据核字（2020）第 070810 号

组稿编辑：杜　菲
责任编辑：杜　菲
责任印制：黄章平
责任校对：陈　颖

出版发行：经济管理出版社
　　　　　（北京市海淀区北蜂窝 8 号中雅大厦 A 座 11 层　100038）
网　　址：www. E - mp. com. cn
电　　话：(010) 51915602
印　　刷：三河市延风印装有限公司
经　　销：新华书店
开　　本：720mm×1000mm/16
印　　张：15.25
字　　数：229 千字
版　　次：2020 年 8 月第 1 版　2020 年 8 月第 1 次印刷
书　　号：ISBN 978 - 7 - 5096 - 7096 - 5
定　　价：78.00 元

前　言

随着工业化和城市化的快速推进，中国社会经济发展取得了高速增长。尤其是自改革开放以来，中国经济建设取得了举世瞩目的成就。1979～2010年，中国经济保持连续32年以平均每年9.9%的速度增长，经济规模增加了20.5倍。2010年中国的GDP超过了日本，成为仅次于美国的世界第二大经济体。但在经济高速增长的背后，高投资、高能耗、高排放的粗放型增长方式使中国付出了沉重的资源和环境代价，资源短缺、空气污染等环境问题已经严重影响了人们的生活质量和健康，中国为经济的高增长付出了高昂的环境成本。日益严峻的资源和环境问题不仅是中国面临的发展困境，也是世界各国共同关注的焦点。因此，作为由工业文明向生态文明转型的必然选择，绿色经济受到了国内外的高度关注。面对国际和国内的双重压力，尤其是在当前中国经济发展进入"新常态"以后，倡导发展绿色经济、转变经济发展方式、提高经济增长的质量、在资源环境约束下积极探索经济增长与环境协调发展的绿色发展方式十分重要。

由于环境问题具有负外部性，其公共产品的性质使其产权难以界定，仅仅依靠市场的力量难以解决环境问题，因此需要政府通过制定和实施积极有效的环境规制政策来弥补"市场失灵"的缺陷。为了实现经济持续增长、提质升级，中国政府一直与时俱进地致力于绿色经济发展。自"九五"规划开始，政府就不断强调要走可持续发展的道路，并且实施了一系列污染物控制和环境保护政策。十八届五中全会提出将"绿色发展"作为指导未来我国经济与社会发展的五大理念之一，体现了我国实现绿色发展的决心。

环境规制在解决"市场失灵"、促进生态环境保护和绿色增长方面所起的重要作用受到学者和政府的普遍关注，但学者对关于环境规制对经济增长是有"倒逼效应"还是"倒退效应"的研究存在争议，使政策制定者对于如何科学制定环境规制仍然无所适从。因此，研究环境规制对绿色经济增长的影响、探索经济增长与资源环境协调发展的模式，对在资源环境约束下认识经济绿色发展、寻找提高经济效率的新动力及政策路径，在当前具有重要的理论和现实意义。

本书借鉴绿色索洛模型构建了环境规制与绿色经济增长的理论分析框架，从绿色经济效率、绿色技术创新与产业结构优化三个视角重点分析了环境规制对绿色经济增长的作用机制，并从这三个视角分别对环境规制与绿色经济增长的关系进行了实证研究。

从绿色经济效率角度，利用 Super Slacks – Based Measure (SBM) 和 Global Malmquist – Luenberger (GML) 指数测算 1997 ~ 2013 年 30 个省（市、自治区）的绿色经济效率，对其时空演变规律进行分析，并利用面板门槛模型分析了不同类型环境规制与绿色经济效率之间的非线性关系。研究结论得出，环境规制与绿色经济效率之间符合 U 形关系，但其影响在不同地区和时期存在异质性；环境规制的滞后一期项存在单一门槛，当环境规制跨过这一门槛后，环境规制对绿色经济效率的促进作用有所减弱；行政型、市场型和自愿参与型环境规制对绿色经济效率的门槛效应也存在差异。

从绿色技术创新角度,分析了环境规制对绿色技术创新的影响,采用基于 SBM 方向性距离函数的 GML 指数测算了 30 个省(市、自治区)的绿色技术创新效率,并分析了其时空演变规律;利用 2004~2013 年的面板数据,探讨了环境规制对绿色技术创新效率的影响。实证研究结果显示,环境规制与绿色技术创新效率之间呈倒 N 形关系,经济规模、经济结构、贸易开放对绿色技术创新效率有显著的促进作用,但自主研发知识存量对绿色技术创新效率的提升作用并不显著,国外技术引进存量显著降低了绿色技术创新效率。

从产业结构优化角度,基于改进的两部门非均衡增长模型来分析环境规制对产业结构高级化指数的影响,利用 2004~2013 年省级面板数据测算了 30 个省(市、自治区)的产业结构高级化指数,并分析了其时空演变趋势;采用非线性面板估计方法实证检验了环境规制与产业结构高级化指数之间的关系。结果表明,不同环境规制强度对产业结构优化的影响符合 N 形关系,经济结构对产业结构优化存在抑制作用,经济规模、对外开放水平对产业结构优化存在显著促进作用,不同区域的研究结果存在一定差异。

本书在总结主要研究结论的基础上,从环境规制强度制定和环境规制工具选择方面、绿色技术自主创新和绿色技术成果转化方面、产业结构优化升级方面以及提升经济高质量发展方面提出了环境规制与绿色经济增长的政策建议,提出了研究的不足之处,并对未来的研究进行了展望。

目　录

第一章
导　论

一、研究背景与意义

（一）选题背景

改革开放 40 多年以来，中国经济飞速增长，已成为仅次于美国的世界第二大经济体。截至 2015 年，我国国民收入是 1978 年的 184.67 倍，工业总产值是 1978 年的 199.71 倍[①]，创造了举世瞩目的"中国奇迹"[②]（如图 1-1 所示）。2018 年 GDP 比上年增长 6.6%，首次突破 90 万亿元大关，对世界经济的贡献率更是高达 30%，经济实力备受世界瞩目。但在经济取得骄人成绩的同

[①]　2011 年后没有工业总产值的统计数据，因此数据只更新到 2011 年。
[②]　来源于国家统计局官网、中国经济与社会发展统计数据库和 EPS 数据库，经整理、计算得出。

时，一些深层问题也日益凸显。"高投入、高排放、高耗能"以及严重的环境污染问题同样不容小觑，资源短缺、环境污染等逐渐成为制约我国经济发展的"瓶颈"。尤其是近年来，全国各大城市持续出现雾霾和气候异常等环境问题，已经严重危及人们的身体健康，制约着我国经济的可持续发展以及社会的稳定。

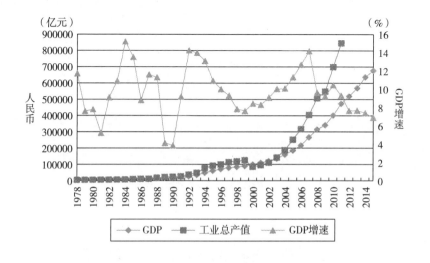

图 1-1　1978～2014 年中国经济增长趋势

种种现象都表明了我国粗放型的经济增长方式，过于注重能源、资本和劳动力的投入，反而忽视了资源和环境的协调，资源环境保护任重道远，资源紧缺、环境污染等一系列问题已成为制约经济社会发展的瓶颈。在此背景下，资源环境问题势必将给中国经济可持续增长带来深远影响。

发达国家经验表明，绿色经济是由工业文明向生态文明转型的必然选择。日益严峻的全球环境问题已成为国际社会关注的焦点。Worldwatch Institute（1999）指出必须要推行生态技术创新，走生态化路道，以实现经济可持续发展。OECD（2011）认为，

"绿色增长就是在追求经济可持续增长和发展的同时防止环境恶化、资源不可持续的利用和生物多样性的丧失，旨在实现清洁增长和环境保护的可持续增长"。世界银行强调"绿色增长是一种环境友好型、社会包容型的经济增长方式，旨在高效率利用自然资源和最大限度减少污染物排放以及对生态环境的影响"。《联合国气候变化框架公约》《京都议定书》的签订，哥本哈根世界气候大会的召开以及《气候变化绿皮书：应对气候变化报告（2013）》[①] 的发布均表明，日益严重的环境问题在世界范围内已受到广泛关注，发展绿色经济已从各国的共识转化为紧迫的行动，绿色经济有望成为世界经济发展的新引擎。

　　面对资源环境的强约束，中国从基本国情出发，积极探索经济与环境协调发展的绿色、低碳、循环的经济发展新模式。"十二五"规划以"绿色发展"为主题，提出了"绿色、低碳"发展理念，以节能减排为重点，推行"资源节约型、环境友好型"的生产和消费方式，鼓励实施"创新驱动发展战略"，推动中国经济迈向健康发展道路（任仲发，2011）。在十六届五中全会上，党中央和政府提出建设"资源节约型、环境友好型"社会的重要战略决策。十七届五中全会又进一步提出"绿色发展理念"。党的十八大确立了生态文明建设的突出地位，提出了"推进绿色发展、循环发展、低碳发展"的新思路。2015 年 3 月，中央政治局会议将党的十八大提出的"新四化"[②] 中增加了"绿色化"，"四化"向"五化"的转变则意味着生态文明建设既有理论抓手也有实践路径（周凯和崇坤，2015）。党的十八届五中全会强调，要实现"十三五"时期的发展目标，破解发展难题，厚植发展优

---

　　① 2013 年 11 月 4 日，中国社会科学院、中国气象局联合发布《气候变化绿皮书：应对气候变化报告（2013）》。

　　② "新四化"是指新型工业化、城镇化、信息化、农业现代化。

势，必须要在"四个全面"①的战略布局下，坚持经济、政治、文化、社会和生态文明建设"五位一体"的发展思路，全面树立并落实"创新、协调、绿色、开放、共享"五大发展理念（牛先锋，2015），生态文明建设成为经济和社会发展的重要任务。党的十九大报告明确指出，我们要建设的现代化是人与自然和谐共生的现代化，既要创造更多物质财富和精神财富以满足人们日益增长的美好生活需要，又要提供更多优质生态产品以满足人们日益增长的优美生态环境需要。党的十九大报告对于生态文明建设和绿色发展的高度重视，必须加大环境治理力度，加快构建环境管控的长效机制，全面深化绿色发展的制度创新。可以说，党的十九大报告为未来中国的生态文明建设和绿色发展指明了方向、规划了路线，同时也表明绿色经济发展已经成为经济发展的首要选择。抓住推动绿色发展的战略机遇、实现经济增长与资源环境负荷脱钩，探究绿色经济均衡增长的新引擎是未来绿色发展的关键。

但是自 2012 年以来，中国经济的增长速度由过去两位数的高增长下滑到 7% 左右，呈现出"增长速度换挡、结构调整阵痛"的新情况，并且经济在未来一段时期内将呈现 L 形走势②。如图 1 - 2 所示，2000 ~ 2011 年年均 GDP 增长率为 10.19%。从 2012 年起，中国 GDP 增速起开始大幅回落，2012 ~ 2018 年年均 GDP 增长率为 7.16%，经济增长由高速增长转变为中高速增长。与增长速度偏快、经济偏热、环境污染加剧的"旧常态"相比，"新常态"不仅意味着经济增速的放缓，经济规模扩大对环境的压力持续增加，更意味着经济发展方式的转变和发展质量的提高。

---

① "四个全面"是指坚持全面建成小康社会、全面深化改革、全面依法治国、全面从严治党。

② 2016 年开局的经济形势的综合判断指出，中国经济在未来一段时期内将呈现 L 形走势。

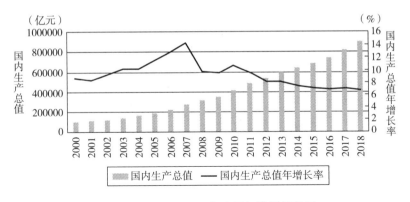

图1-2 2000～2018年中国经济增长情况

中国未来经济的增长必将实现出口拉动向内需拉动、投资拉动向消费拉动、粗放型发展向创新型发展三方面的转变[①]。作为率先崛起的发展中大国，中国自身必须更好地利用国际能源资源、把握发展先机的战略机遇，进一步通过技术进步、提高劳动者素质、优化产业结构来寻求一种速度和质量双赢的可持续的经济增长方式，全力探索可持续崛起与符合国情的发展模式及其转型。因此，秉承经济与环境和谐发展、提倡发展绿色经济，在兼顾经济良性发展的同时进行切实有效的环境保护，是一个必须不断深入研究的主题，是我国在资源环境强约束背景下提高经济效率空间、实现经济可持续发展的重要途径。

资源浪费、环境污染以及生态破坏等"市场失灵"问题仅仅依靠市场机制难以解决，还必须依靠"政府之手"，通过实施环境规制来对资源环境进行保护。为了更好地解决经济增长与环境保护之间的矛盾，政府出台了一系列保护环境的法律法规，并综合利用行政手段、市场化手段等，不断提高环境规制的强度。自

---

① 七问供给侧结构性改革——权威人士谈当前经济怎么看怎么干［EB/OL］．人民日报，2016－01－04，http：//www.bjzq.com.cn/dpfx/ShowArticle.asp？ArticleID＝649472．

"九五"规划开始，政府就不断强调要走可持续发展道路，并且实施了一系列污染物控制和环境保护政策。"大气十条"、"水十条"和"土十条"等污染防治计划[①]的先后出台，加上号称"史上最严"新环保法的实施，加强了对环境污染排放的刚性约束，加大了对违法、违规的惩处力度，共同推动环境保护不断发展。

环境规制政策对经济增长具有两方面的作用：一方面有效地解决环境污染问题，另一方面通过影响企业进行技术创新的积极性，并通过成本效应对产业结构优化调整产生作用。在制定环境规制时，各国政府开始重视生态环境与绿色技术创新、产业结构优化以及绿色经济增长的协调关系。20 世纪 70 年代以来，环境规制对技术创新的影响问题受到了广大研究者和政策制定者的广泛关注。关于两者之间关系的研究大多是围绕"波特假说"是否成立来展开的。部分学者认为环境规制的实施会提高企业用于治理污染的成本，挤占创新资本，从而降低企业的竞争力（Jorgenson 和 Wilconxen，1990）；而另一些研究者则支持"波特假说"，认为严格且设计恰当的环境规制可以推动企业选择清洁型技术或者进行技术改良和创新，可以部分甚至全部抵消因遵循环境规制所产生的成本，进而能够提高企业的生产率和市场竞争力，优化产业结构，实现环境保护与经济增长的"双赢"。截至目前，学术界关于环境规制对绿色经济增长的影响研究尚未得出一致结论。

（二）问题的提出

为了实现经济发展与环境保护的有效平衡，最紧要的任务是通过技术创新、产业结构优化升级、转变发展方式的深层次改革，

---

① 党中央、国务院部署了《大气污染防治行动计划》、《水污染防治行动计划》和《土壤污染防治行动计划》3 个"十条"的编制工作。其中，"大气十条"、"水十条"分别于 2013 年、2015 年发布实施，"土十条"于 2016 年 5 月 31 日由国务院公开发布。

提高微观经济主体的生产效率，从而促进整体绿色经济效率的提高，使中国经济突破可持续发展的瓶颈。由上述分析可知，环境规制在促进我国绿色经济增长方面扮演着重要角色。由经济增长理论可知，改善绿色经济效率、提升绿色技术创新效率以及促进产业结构优化调整对实现绿色经济增长意义重大。然而，学术界在研究环境规制能否促进绿色经济增长方面存在争议。因此，我们不禁会提出这样的疑问：

（1）作为中国环境管理正式制度中最为重要的环境规制，其与绿色经济增长之间存在怎样的关系？严格的环境规制会不会导致考虑了环境污染因素的绿色经济效率下降？还是支持"波特假说"，认为环境规制在提高环境质量的同时也实现了经济增长，从而推进绿色经济效率的提升？不同类型的环境规制对绿色经济效率的提升又有何差异性作用？环境规制对绿色经济效率的提升是否存在门槛效应？

（2）环境规制是否有助于提高绿色技术创新效率并推动中国经济绿色增长？不同环境规制强度对绿色技术创新的影响如何？

（3）在环境规制强度不断增大以促进产业结构调整的背景下，环境规制的实施是否对产业结构优化产生一定积极作用？如何通过环境规制来倒逼产业结构升级，使各地区实现环境保护与经济结构转型的双赢？

（4）在当前的发展背景下，我国环境规制政策是否有效？我国现行环境管理体制和工具选择是否合理？如何设计最优的环境规制强度、选择最具有信息效率和激励相容特征的环境规制工具？

（三）选题意义

绿色经济增长是中国经济和社会可持续发展的新引擎，对环境规制与中国绿色经济增长的研究有着重要的理论和现实意义。

1. 理论意义

（1）拓展了环境规制与绿色经济增长的理论研究。以往的环境规制与经济增长研究大多忽视了绿色发展的重要性，本书则立足于当前资源环境保护与经济持续发展之间的矛盾，综合运用资源环境经济学、制度经济学、产业经济学和创新理论等不同学科的理论和方法，将"绿色"纳入经济绩效理论的分析框架中，基于绿色索洛模型构建环境规制和绿色经济增长的理论分析框架；并分析了环境规制对绿色经济效率的影响机制。在一定程度上丰富了环境规制与经济绩效研究的理论，为研究环境规制对绿色经济增长的影响打下了坚实的理论基础。

（2）有助于科学地构建绿色经济增长的测度模型。本书打破传统的经济增长理论、创新理论，引入"绿色"理念，将经济增长和技术创新过程中所产生的环境污染和资源消耗等非期望产出纳入模型中，科学地构建了绿色经济效率和绿色技术创新效率的测度模型，有利于正确认识和准确评估我国的绿色经济增长水平和绿色技术创新能力。

（3）进一步丰富了"波特假说"理论。"波特假说"理论只表明了合理的环境规制强度对环境效率具有正向效应，却没有进一步阐明究竟什么强度的环境规制才是合理的环境规制强度。本书构建了不同环境规制强度对绿色经济增长的影响的理论模型，进一步丰富了"波特假说"理论。

2. 现实意义

（1）有助于科学了解绿色经济的发展现状，推动区域经济绿色转型。在经济发展步入"新常态"的背景下，寻找提振绿色经济增长的新引擎成为我国实现经济发展与资源环境保护协调发展的重中之重。在人们逐渐重视绿色经济增长，如何处理好经济增长与环境保护之间协调发展的关系，对环境规制、技术创新与绿色经济增长的研究提出了新的要求。正是在这样的背景下，本书对我国各省（市、自治区）绿色经济效率、绿色技术创新效率和产业结构优化程度进行科学的测度和区域差异性分析，并探究环境规制对绿色经济效率、绿色技术创新以及产业结构优化的作用影响，有利于更好地发挥"规制—技术—结构"协同演化对绿色经济发展的促进作用，构建中国特色的区域绿色经济增长的协同机制。这将对加快我国自主创新能力提升、推动资源生产率的提高与环境负荷的降低、加快产业结构优化和促进绿色经济增长具有重要现实意义。能够为中央和地方政府制定环境规制政策、促进我国区域绿色经济协同发展提供政策支持，也有助于规制政策在各地区形成更好的执行效果。

（2）有助于优化环境规制政策设计，促进区域绿色经济增长。在环境规制政策的实施过程中，我们必须认识到，不同地区不同强度的环境规制、不同类型的环境规制工具在不同的经济发展水平、不同的技术发展阶段会产生不同的效果。因此，环境规制与绿色经济增长之间并不是此消彼长的关系，要实现环境保护与经济发展的双赢，各地区应重新审视环境规制对区域发展的影响作用。本书利用实证方法探究了不同环境规制工具与不同环境规制强度对绿色经济增长的影响，探究最优环境规制强度，提出针对性强的环境规制，这对地方政府因地制宜地制定和修订环境规制政策、激励企业实施绿色技术创新、推动产业结构优化调整，进而实现经济绿色转型具有重要的实践意义，不仅是中华民族长远发展的战略性选择和必然需要，也是对全球可持续发展的积极贡献。

二、主要概念界定

（一）环境规制

"规制"一词来源于英文的 Regulation 或 Regulatory Constraint，意为用法律、制度、政策等来加以约束和制约，也可以称其为"管制"、"规管"或"监管"。关于规制的定义有很多，但尚未有一个具有普遍意义的定义出现（徐成龙，2015）。

学者对于环境规制的含义认识经历了一个逐渐完善的过程，最初认为环境规制就是以行政手段对环境资源利用进行直接的控制；后来，环境规制的外延包含环境税、补贴、押金返还制度和市场化的排污许可证交易等经济手段；再后来，环境规制的内涵被修正为"政府利用直接或者间接的手段对环境资源进行干预"，包括行政手段和利用市场机制的经济手段。Frondel 等（2007）认为，作为政府环境政策工具的环境规制是推动生态创新的重要动力。赵玉民等（2009）认为，环境规制是一种旨在保护环境的约束性力量，可以分为显性环境规制和隐性环境规制两种类型：显性环境规制又分为命令控制型环境规制、以市场为基础的激励型环境规制和自愿型环境规制；隐性环境规制则是内在的、无形的环保思想、观念、意识、态度和环保认知等。

综上所述，环境规制的内涵是由于环境污染具有负外部性，社会公共机构依据一定规则，通过行政、经济、法律等手段对企业和消费者加以约束和干预，使环境成本内部化，克服"市场失灵"，实现社会福利最大化，从而实现经济效益和环境保护达到"双赢"。

通过对学者关于环境规制定义的总结发现，环境规制是规制行为、政策法规和规章制度的综合体，有五大基本要素：主体、对象、目标、手段和性质。如表 1-1 所示，政府行政机关等通过法律政策、社会规范等手段，使生产者和消费者在做出决策时将外部成本考虑在内，从而将他们的行为调节到社会最优化生产和消费的组合，实现保护环境和增进经济主体的社会福利的目的。

表 1-1　环境规制的基本要素

基本要素	内容	说明
主体	政府行政机关和社会公共机构	经历了从政府到企业、产业协会等的发展
对象	微观经济主体：个人和组织	生产者和消费者
目标	消除环境污染的负外部性	保护环境和增进社会福利
手段	正式环境规制：法律政策 非正式环境规制：社会规范	命令控制型 市场激励型 自愿型环境规制
性质	社会性规制和经济性规制的结合体	

资料来源：参见徐成龙（2015）、张成（2013）整理而得。

（二）绿色经济效率

经济增长问题一直是学者研究和关注的重要问题之一，关于绿色经济效率的研究尚且不多。国外虽然没有直接提出"绿色经济效率"的概念，但对"绿色经济"提出了较多解释。Pearce（1989）在《绿色经济蓝图》中较早地提出绿色经济，认为经济发展必须在自然环境和人类自身可以承受的范围内进行，盲目地追求经济增长、忽视自然资源的耗竭是不可持续的发展方式。联合国环境规划署（UNEP）认为，绿色经济是在改善人类幸福感和社会平等的同时减轻环境危害和改善生态脆弱性。OECD（2011）认为，绿色增长意味着在确保自然资源能够持续为我们的生存提供资源和环境服务的同时，促进经济增长和发展。Chapple（2008）将绿色经济定义为在保持和提高环境质量的同时更有效地利用自然资源的经济活动。随着资源环境约束不断强化，国内学者也纷纷把研究目光转向了绿色发展。World Bank（2012）强调"绿色增长是一种环境友好型、社会包容型的经济增长方式，旨在高效率利用自然资源和最大限度减少污染物排放以及对生态环境的影响"。赵斌（2006）认为，绿色经济是人类文明演进的一个崭新阶段，是物质文明与非物质文明的有机统一体。石敏俊（2017）认为，思考新时代中国经济绿色发展，必须完整理解绿色发展的理论内涵，一是经济增长与资源环境负荷脱钩，建设人与自然和谐共生的现代化；二是资源环境可持续性成为生产力，实现"绿水青山就是金山银山"。

虽然，绿色经济的概念有所不同，但都有一个共同点，那就是经济增长与环境保护协调发展。在经济活动中，学者更关注经济效率的衡量。而国内关于绿色经济效率的概念大多是从经济效率中引申而来的，即考虑资源环境约束下的经济效率。杨龙和胡晓珍（2010）把引入环境污染产出的经济效率定义为"绿色经济效率"。钱争鸣和刘晓晨（2013）认为，"绿色经济效率全面衡量了一个国家或地区在单位投入成本上尽可能增加期望产出而减少非期望产出的能力，是在原有经济效率的基础上综合资源利用和环境损失之后获取的'绿色'经济效率，可作为评价地区资源、环境和经济发展的综合绩效指标"。

总而言之，绿色经济效率（Green Economic Efficiency，GEE）

是衡量一个国家或地区经济运行的要素配置绩效的综合效率测度指标，与依赖增加要素投入、忽视环境成本而追求数量扩张来实现增长的传统经济发展方式不同，它主要包含三个层面的含义：一是在实现经济增长的同时，注重资源环境保护；二是综合考虑资源、能源等要素投入和环境污染等非期望产出；三是提升投入要素在生产过程中的利用效率，以实现期望产出最大化和非期望产出最小化。因此，绿色经济效率值越高，表明资源约束下的综合经济效率越高，经济发展绿色化程度越高。

（三）绿色技术创新效率

绿色创新效率是一个亟须解决的、具有挑战性的科学问题，是根据我国经济社会发展的实际需求及学术界的研究发展动态提炼出来的、具有大量实际背景的、新的研究课题。研究者对创新效率的研究较多，但普遍存在忽视资源和能源消耗、环境污染对技术创新效率的影响问题，仅有少量学者从绿色创新的视角对该问题进行研究（韩晶，2012）。关于绿色技术创新效率的研究成果较少，已有的研究大多从不同角度对绿色创新进行了界定。绿色创新是一种以资源节约、环境优化和经济绿色增长为核心的发展理念。Braun 和 Wield（1994）将资源消耗与环境损失纳入创新评价体系中，提出了绿色技术创新。自此，绿色创新开始引起了学者的关注。至今，不同领域的学者对绿色创新的理解不尽相同。Beise 和 Rennings（2005）从降低环境污染的角度，认为绿色创新是经济组织为了避免和降低环境损害而采用新的或改良的工艺、技术、系统和产品。部分学者支持该观点，如 Driessen 和 Hillebrand（2002），Conceição 等（2006）从企业新产品和新生产过程的角度，Gee 和 McMeekin（2011）从提升产业活力的角度，Cooke（2010）从经济可持续增长视角，认为绿色创新是减少能源消耗、降低环境污染的创新能力。此外，OECD（2008）从环境绩效改进角度认为，绿色创新是指一切能够引起环境改进的产品、流程、营销方式、组织结构以及制度安排等的创造和实施行为。

定义绿色技术创新效率要了解什么是效率。效率的基本含义为投入与产出或者成本与收益之间的转化效率。从经济学角度来看，有效率的经济是指经济运行处于生产可能性边界上（郝丽芳，2011）。也就是说，在既定的资源条件下，经济组织充分利用其经济资源为消费者带来最大可能的消费品与服务，其实质是实现资源的最优配置。

基于已有文献的研究，本书综合绿色创新与经济效率的内涵，认为绿色技术创新效率是考虑资源和环境约束下的创新投入要素对产出要素的贡献效率，是通过开发新的或者改良技术、工艺、系统和产品等以实现环境污染降低和环境绩效改进，体现了传统创新效率的绿色化程度。绿色技术创新效率越高，说明在减少环境不利影响和降低能耗、促进资源—经济—环境系统协调发展方面的能力越强。

（四）产业结构优化指数

自从经济学将产业结构范畴纳入研究以来，产业结构调整就被视为经济增长的重要动力。产业的结构调整和转型升级是产业结构从低级向高级发展的过程，更多地体现了一国或地区经济、产业、科技的发展水平和竞争力。在当前绿色发展成为趋势的背景下，我国的产业结构调整持续推进，学者对产业结构优化的研究也逐步深入。

对于产业结构优化的内涵，学者对其概念的理解存在一定分歧。有学者单纯地认为第三产业的占比越高，产业结构优化程度越高。这种观点受到了一些学者的反驳。于斌斌（2015）认为，带有产业结构服务化倾向的高级化调整是致使经济发展进入结构性减速的重要原因，经济发展要谨慎地、有效地推进产业结构高级化，避免破坏具有结构性增速特征的工业化结构。有学者从产业结构合理化和产业结构高度化两方面来衡量产业结构优化程度：产业结构合理化是指提质和优化产业间的有机联系的质量，可以用产业之间的均衡程度和关联作用程度来表示；而产业结构高度化是指产业结构由低级水平发展到高级水平的过程，表明了一国经济发展水平的高低、发展阶段以及发展方向（黄亮雄等，2013）。

基于黄亮雄等（2013）的研究，本书加入资源环境改善的目标，认为产业结构优化的界定为要素和资源从生产率和技术复杂度相对较低的产业部门转移到生产率和技术复杂度相对较高的产业部门，使生产率和技术复杂度相对较高的产业部门所占的比重不断增大，以实现不同产业部门生产率的提高以及生态环境的改善。

三、研究目标、内容与方法

（一）研究目标与思路

由上文的分析可以看出，环境规制与绿色经济增长研究对充分发挥环境规制在推动中国经济绿色发展方面的激励作用具有重要的理论和实践价值。本书的总体目标在于考察我国环境规制政策对绿色经济增长的作用，从而为如何最大限度地在我国发挥环境规制在促进绿色经济增长方面的激励作用提供指导和建议。本书拟通过理论研究、实证研究以及政策研究来实现以下三个目标：

1. 构建分析环境规制与绿色经济增长的理论模型

首先对环境规制理论、经济增长理论、创新理论和产业组织理论等相关理论进行阐述，依据绿色索洛模型构建环境规制与绿色经济增长的统一理论分析框架，分析环境规制对绿色经济效率、绿色技术创新和产业结构调整的作用机制。其次，分别基于环境规制与绿色技术创新分析模型和改进的两部门非均衡增长模型探究不同环境规制强度下的环境规制政策通过绿色技术创新与产业结构优化调整后对绿色经济增长的作用，探索不同地区环境规制倒逼机制下绿色技术创新以及产业结构优化的作用及影响。

2. 实证检验环境规制与绿色经济增长的作用关系

利用 Super SBM 和 GML 指数的数据包络分析方法科学地测度资源环境约束下的绿色经济效率、绿色技术创新效率以及产业结构优化指数，科学设计实证模型与变量，分别探讨了环境规制与绿色经济效率、与绿色技术创新以及与产业结构优化之间的关系，寻找不同环境规制强度下，不同类型的环境规制对绿色经济增长影响的经验证据，进一步探索环境规制倒逼技术进步和产业结构升级的经验证据。

3. 构建环境规制与绿色经济增长的政策体系

根据研究的作用机制分析和实证研究结果，探讨最优环境规制强度和兼具信息效率和激励性的环境规制工具，激励绿色技术创新驱动绿色经济增长，倒逼产业结构优化，充分发挥环境规制推动绿色经济联动、平衡增长的作用。

要实现以上研究目标，本书的基本研究思路如图 1-3 所示。首先，从经济增长理论、环境规制理论、创新理论与产业组织理论角度分析环境规制与绿色经济增长的理论基础，以绿色索洛模型为分析框架，分别分析了环境规制对绿色经济效率、绿色技术创新以及产业结构优化的作用机制，为实证检验奠定理论基础，并提出研究假设。其次，基于省级面板数据，实证检验环境规制对绿色经济效率、绿色技术创新以及产业结构优化的影响，并依据实证研究结果，对我国环境规制的制定与优化提出政策建议。最后，对全书进行总结，阐述了本书的研究不足，并对未来的研究方向及内容进行了展望。

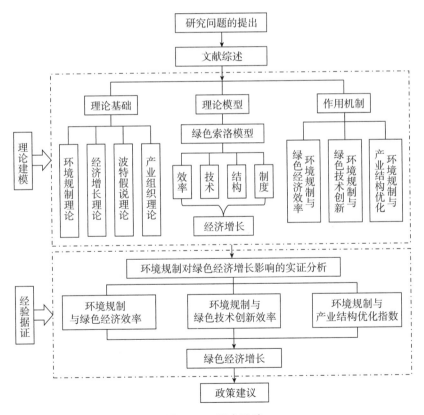

图 1-3　研究思路

（二）本书内容及方法

1. 主要内容

本书立足我国环境治理与经济增长现状，分析政府环境规制对绿色经济增长的影响，基于中国各省（市、区）环境规制、经济增长和环境污染等的相关数据，沿着理论研究→实证研究→政策研究的思路展开研究，试图构建环境规制与绿色经济增长分析的框架，具体研究内容有以下几点：

（1）基于环境规制理论、经济增长理论、创新理论以及产业组织理论分析环境规制与绿色经济增长的理论基础，在绿色索洛模型的分析框架下分析环境规制对绿色经济增长的作用，着重分析效率、技术、结构以及规制对绿色经济增长的作用；并着重分析环境规制对绿色经济效率、绿色技术创新以及产业结构优化的作用机制。

（2）从绿色经济效率、绿色技术创新效率和产业结构优化三个视角实证检验环境规制对绿色经济增长的作用。首先，对我国环境规制的发展历程、现状、规制实施的环境效果以及经济结果进行分析，了解我国环境规制与绿色经济增长的现状及问题；其次，实证分析环境规制对绿色经济效率的影响，探究不同环境规制强度下不同类型的环境规制政策工具对绿色经济增长的影响；再次，分别实证检验环境规制通过绿色技术创新、产业结构优化对绿色经济增长的影响，探究激励绿色技术创新、倒逼产业结构优化的最优环境规制强度；最后，根据研究结论分别对优化环境规制设计和促进绿色经济增长提出了政策建议。

总之，本书从绿色经济效率、绿色技术创新效率和产业结构优化视角系统地分析了环境规制对绿色经济增长的影响机理以及作用规律，从理论和实证角度探究如何发挥环境规制在促进绿色经济增长方面的作用，为我国的环境规制政策设计与优化、促进经济与环境协调发展提供了科学依据与政策指导。

2. 研究方法

根据研究需要，本书拟采用的主要研究方法有：

（1）文献归纳方法。结合阅读的国内外相关文献，总结归纳环境规制与经济增长、环境规制与绿色技术创新、环境规制与产业结构优化方面的研究，针对现有研究在研究方法、模型构建、变量选择等方面的不足提出了本书可能做出的改进。

（2）规范分析方法。在环境规制理论、经济增长理论、技术创新理论和产业组织理论的基础上，依据负外部性理论、稀缺性理论、公共物品理论、经济增长理论、"波特假说"理论以及产业组织 R－SCP 分析范式，分析环境规制对绿色经济增长影响的理论基础；基于绿色索洛模型，将效率、技术、结构和制度因素引入经济增长模型，构建分析环境规制与绿色经济增长关系的理论模型；从绿色经济效率、绿色技术创新和产业结构优化的视角分析了环境规制对绿色经济增长的作用机制，回答了规范分析的"应该是什么"的问题。

（3）数据包络分析方法。数据包络分析（DEA）方法可以处理多投入、多产出的生产情形，不需要预先估计参数，同时不受投入和产出量纲的影响，因而在效率测度方面受到了学者的广泛应用。在研究过程中，本书利用 MaxDEA 软件，选取合适的投入和产出要素，采用数据包络分析模型中的非径向（Non－Radial Measure of Efficiency）、非角度（Non－Oriented Measure of Efficiency）的基于松弛变量的 Slacks－Based Measure（SBM）方法；并在模型中考虑超效率（Super Efficiency）和非期望产出（Undesirable Outputs），将好产出（General Weight of Good Outputs）与坏产出（General Weight of Bad Outputs）的一般权重设为 1:1；同时，采用全域曼奎斯特—卢恩伯格指数（Global Malmquist – Lu-enberger，GML）方法，分别测算了绿色经济效率、绿色技术创新效率和产业结构优化指数，并对这些指标的特征及演变趋势进行了分析。

（4）面板门槛分析方法。面板门槛模型是分析变量之间非线性关系的重要方法，它能够找出变量之间相互影响的关键点，在这些关键点前后，变量之间的作用关系会发生怎样的变化。本书基于省际面板数据，利用 STATA14.0 软件采用非线性面板门槛模型实证分析了环境规制对绿色经济效率的影响作用。同时，探究不同类型环境规制工具对绿色经济效率的门槛效应，找出环境规制影响绿色经济效率过程的若干关键点，只有相关变量跨越这些关键点，环境规制才会对绿色经济效率的提升起到促进作用。面板门槛模型为环境规制政策的制定与调整提供了参考建议。

（5）动态分析方法。动态分析方法是把时间因素纳入分析过程，对其均衡和变动的过程进行分析（王俊，2015）。本书在分析绿色经济效率的时空演变规律的时候，一方面，利用 GML 指数对绿色经济效率的动态变动过程进行了分析；另一方面，充分考虑环境规制政策实施效果以及技术创新的成果转化的滞后性，将环境规制和技术创新的滞后项纳入模型中进行回归。对核心变量的动态分析能够更加科学地衡量环境规制对绿色经济增长的作用，使模型设定更加贴近真实情况。

（6）对比分析方法。首先测算了绿色经济效率，将其与传统经济效率进行了对比，突出绿色经济效率测度的科学性；其次，将全国各省（市、区）样本分为东部、中部和西部地区，进行不同区域的环境规制强度的对比分析，这对不同区域制定差异化的环境规制政策提供了指导。另外，通过比较分析的方法分别对比了行政型、市场型和自愿参与型环境规制对绿色经济增长的影响路径和影响程度的异同，来判断环境规制工具的有效性，为政府决策提供参考。

（三）本书结构安排

本书共由九章组成，具体结构安排如下：

第一章为导论。对本书的研究背景及意义、主要概念界定、研究目标、基本思路、研究内容及方法、结构安排以及可能的创新进行了简要的介绍，对本书的研究框架进行简单阐释。

第二章为环境规制与绿色经济增长的文献综述。回顾并评述关于环境规制与绿色经济增长的相关文献，着重分别对环境规制与绿色经济效率、绿色技术创新和产业结构优化的相关文献进行梳理，并根据现有研究不足提出了本书拟做出的改善。

第三章为环境规制与绿色经济增长的理论基础。通过环境规制理论的负外部性理论、稀缺性理论和公共物品理论，经济增长理论的演变，技术创新的"波特假说"理论以及产业组织 R - SCP 范式分析了环境规制与绿色经济增长的理论基础；在环境规制与绿色经济增长基本理论分析的基础上，构建绿色索洛模型，分析效率、技术、结构、制度因素对绿色经济增长的影响，为分析环境规制与绿色经济增长构建理论模型。

第四章为环境规制与绿色经济增长的作用机制。结合第三章环境规制与绿色经济增长相关基本理论和理论建模分析，分别从绿色经济效率、绿色技术创新和产业结构优化三个视角分析了环境规制与绿色经济增长之间的作用机制。

第五章为环境规制与绿色经济的发展现状分析。分析环境规制的发展历程、政策工具类型与环境规制的实施效果；构建绿色经济效率的测度模型，从时间和空间视角分别分析绿色经济效率的演变特征。

第六章为环境规制与绿色经济增长：基于绿色经济效率视角。首先，介绍中国环境规制的演变历程，对环境规制实施的环境效果和经济效果进行分析，为实证分析提供现实基础；其次，在测度的绿色经济效率的基础上，利用非线性面板模型验证了波特假说，并进一步采用面板门槛模型来探究不同地区、不同类型环境规制对绿色经济效率的门槛效应；最后，依据实证结果，从合理设计和优化环境规制、提高环境规制的有效性、推动环境与经济协调发展三个角度对提高环境规制促进绿色经济增长提出政策建议。

第七章为环境规制与绿色经济增长：基于绿色技术创新视角。构建了环境规制与绿色技术创新的理论分析模型，利用面板模型回归分析了环境规制与绿色技术创新效率的非线性关系，分析了东部、中部、西部三大区域的环境规制对绿色技术创新效率影响的差异性。研究发现，环境规制与绿色技术创新效率之间存在倒 N 形关系；并从通过提升自主创新能力、加快技术创新成果孵化和构建绿色人才梯队方面驱动绿色经济增长提出建议。

第八章为环境规制与绿色经济增长：基于产业结构优化视角。采用改进的非均衡增长模型构建了分析环境规制与产业结构优化的理论模型，利用省际面板数据构建非线性面板回归模型，检验环境规制政策对产业结构优化的作用，并考察不同区域的环境规制对产业结构优化作用的空间差异性。研究发现，环境规制与产业结构优化之间符合 N 形关系，不同地区的研究结果存在差异性。从制定差异化环境规制、创新驱动产业结构调整和科学认识产业结构优化角度提出了环境规制倒逼产业结构优化的政策建议。

第九章为环境规制促进绿色经济增长的政策选择。总结了主要研究结论，从环境规制强度制定和环境规制工具选择方面、绿色技术自主创新和绿色技术成果转化方面、产业结构优化升级方面以及提升经济高质量发展方面提出推动中国绿色经济增长的政策建议。同时，指出研究存在的不足以及今后的研究方向及重点。

四、研究创新

本书系统地研究了环境规制对绿色经济增长的影响，可能存在的创新有：

第一，在研究设计方面，从理论研究角度将资源环境约束纳入经济增长模型中构建绿色索洛模型，并在此基础上进行拓展，充分考虑效率、技术、结构和制度因素对绿色经济增长的影响效应，作为环境规制对绿色经济增长影响效应的理论分析框架。从绿色经济效率、绿色技术创新效率和产业结构优化视角分别分析了我国环境规制对绿色经济增长的作用机制，丰富了环境规制影响绿色经济增长的微观理论机制。以中国省域为研究对象，从绿色经济效率、绿色技术创新和产业结构优化三个视角系统地实证检验了环境规制对中国绿色经济增长的作用程度，更好地反映了环境规制对绿色经济增长的作用机理。

第二，在指标测度上，一方面，通过构建环境规制综合指数①以准确地反映环境规制的强度，避免了由于指标单一可能导致结果有偏的问题；另一方面，考虑非期望产出的绿色经济效率和绿色技术创新效率评价更接近真实情况。绝大部分的研究从生

---

① 环境规制综合指数即利用工业污染物排放的治理效率计算得到的用以表征环境规制实施强度的综合指数。环境规制综合指数越高，则表示环境规制强度越大。

产率或是全要素生产率来考虑经济效率的问题，缺乏对环境约束的考量。本书综合利用 SBM 方向性距离函数和 GML 指数测算考虑非期望产出的绿色经济效率和绿色技术创新效率，使测算结果更加贴近真实情况。此外，产业结构优化指数兼顾产业结构优化调整的幅度与质量，并非简单地以三次产业结构比例来片面地衡量，本书利用 DEA 方法构建一个产业结构高度化综合指数，来衡量产业结构的优化程度。总而言之，本书对关键指标的测度有助于获得较为可靠的经验结果。

第三，在研究方法上，利用非线性面板回归模型，更加符合对环境规制与绿色经济增长之间的复杂关系的研究；考虑到环境规制、技术创新变量的滞后性，将其滞后项纳入模型中，缓解了实证研究的内生性问题；在深入分析环境规制与绿色经济效率的非线性关系的基础上，利用非线性面板门槛模型比较准确地判断每个地区的环境规制与最优环境规制水平的差距，探究各地区不同类型环境规制的最优规制强度水平，试图找出能够提升绿色经济效率的环境规制强度的拐点，并为不同地区制定强度适宜的环境规制政策提供依据。

第四，在分析视角上，采用不同的规制类型来研究环境规制对绿色经济增长的影响。在已有研究中，鲜有文献比较不同类型的环境规制对经济效率的影响，而是将环境规制看作一个整体，笼统地衡量环境规制的强度，因而难以提出有针对性的环境规制政策。鉴于环境规制强度存在空间异质性，不同类型环境规制的执行效果存在差异。本书将环境规制细分为行政型、市场型以及自愿参与型三种类型，进一步探讨不同种类的环境规制工具以及不同强度的环境规制对绿色经济增长的影响，研究结论丰富了关于环境规制与绿色经济增长的研究，对不同地区制定有针对性的规制政策以及推动绿色经济增长具有重要参考价值和现实意义。

第二章

环境规制与绿色经济
增长的文献综述

环境规制与经济增长研究一直是学者研究和关注的热点，基于不同的研究视角，采用不同的研究方法，产生了大量或异或同的研究成果。资源环境和经济增长关系的失衡给人类社会带来了严峻的考验。面对粗放型发展模式所引发的资源与环境的双重压力，学者开始关注对绿色经济增长的研究。绿色经济增长研究经历了最初的对经济绩效研究，包括生产率和全要素生产率研究，发展到了考虑资源环境约束下的环境效率、绿色全要素生产率以及绿色经济效率研究。那么，环境规制是如何作用于绿色经济增长的呢？本章从环境规制与绿色经济增长、环境规制与绿色技术创新、环境规制与产业结构优化三个层面梳理主要相关文献。

一、环境规制与绿色经济增长的关系研究

环境规制与绿色经济增长研究主要围绕环境规制与经济增长

相关研究开展。随着资源环境约束的不断加深，学者逐渐开始关注对绿色经济绩效的测度，进而将研究领域扩展至环境规制如何作用于绿色经济增长。因此，本节从环境规制与经济增长的关系研究入手，进一步考虑资源环境约束下的经济增长，分析环境规制与绿色经济增长的关系。

（一）环境规制与经济增长

学术界在环境规制和经济增长的关系研究上一直存在争议。学者围绕环境规制[①]与生产效率通过提出不同的研究假设，采取不同的研究方法以及选取不同的研究样本和研究时期，对环境规制能否提高生产率、促进技术创新进行了大量理论和实证研究（原毅军和刘柳，2013），主要的观点有：

1. 遵循成本假说

早期的实证研究支持遵循成本假说，即假设在资源配置、技术水平和消费者需求固定不变的前提下，严格的环境规制将会增加企业的治污成本，提高监管和行政费用，不利于经济可持续增长（原毅军和谢荣辉，2014）。Gollop 和 Robert（1983）分析了1973~1979 年美国 SO_2 排放限制政策的实施导致了56 家电力企业生产总成本的增加，每年全要素生产率下降了 0.59%。Levinsohn 和 Petrin（2003）与 Becher（2011）基于美国造纸业的数据研究发现，严格的环境管制降低了美国造纸业的生产率。许多来自不同国家、不同行业的经验研究也支持了上述观点，Conrad 和 Wastl（1995）、Barbera 和 McConnell（1990）、Gray 和 Shadbegian（2003）分别运用不同时期德国污染密集产业、美国电力、钢铁

---

① 环境管制是环境规制的不同叫法，其实质是一样的。本书在这里尊重原文的提法，因此，在引用时称作"环境管制"。

行业的数据，验证了环境规制对经济效率存在显著的负向影响，即环境规制降低了生产率。

2. 创新补偿假说

该观点是对遵循成本观点的挑战，它基于动态视角，认为设计合理的环境规制可以激励企业改进技术水平，优化资源配置效率，从而激励企业进行技术和组织创新，通过创新补偿效应和学习效应促进生产率的提升，部分或者全部抵消由环境规制引致的额外成本，从而提升企业竞争力，这也被称为"波特假说"（Porter，1991；Porter & Van der Linde，1995）。波特假说为环境规制和经济增长的双赢发展提供了理论支撑，因此，该理论受到了广泛的关注，大量实证研究也支持创新补偿假说。Berman 和 Bui（2001）研究发现，受空气质量规制影响的洛杉矶石油冶炼企业的全要素生产率得到了提高。除此之外，Managi 等（2005）采用墨西哥近海石油和天然气开采业数据、Lanoie 等（2008）采用加拿大魁北克省的制造业数据，以及 Yang 等（2012）采用中国台湾地区的工业数据等研究也发现了环境规制提高生产率的证据。国内学者王兵等（2008）运用 ML 指数[①]测算了 1980~2004 年 17 个亚太经合组织国家和地区包含 CO_2 排放的全要素生产率增长，结果发现考虑环境管制后，APEC 的全要素生产率增长水平提高。随着研究的深入，学者开始关注环境规制对资源环境约束下的经济效率的促进作用，主要是对绿色全要素生产率的研究。陈诗一（2010）基于我国工业 38 个两位数行业数据，研究发现节能减排政策有利于提升工业绿色生产率，初步彰显了环境政策的绿色革命成效。屈小娥（2015）利用全局 ML 指数测算了在能源和污染排放约束下的工业绿色全要素生产率，发现我国工

---

①　ML 指数是 Malmquist - Luenberger 指数的缩写。

业环境规制显著改善了企业的生产效率。持有相似观点的还有李玲和陶峰（2012）、李斌等（2013）。上述研究表明，在一定条件下绿色发展与经济效率的提升是可以兼得的，即验证了"波特假说"的存在。

3. 逐底竞争假说

逐底竞争假说认为，由于地方政府之间存在经济竞争，地方政府会竞相以宽松的环境标准来吸引资本、产业等流动要素，最终导致所有地方的环境质量下降（Revesz，1992，1997；Woods，2006；Konisky，2007）。许多学者对这一理论假说进行了实证检验。Ulph（2000）研究发现，地方政府通过放松环境管制来降低企业的生产成本，以促进产品出口、提高产品竞争力，从而导致了环境质量供给低于最优水平。也有学者认为，逐底竞争适用性存在一定区域性。Konisky（2010）基于县域数据研究发现，区域间环境规制的"搭便车"行为多发生在边境县，国内相邻区域间"搭便车"的行为不明显。持相似观点的学者还有，Woods（2006）分析美国政府关于露天开采的环境规制。当然，也有学者对此给予了反驳。Revesz（1992）认为，地方政府环境规制竞争不仅不会降低社会福利，反而会增进州政府间的产业配置效率。国内学者大多认为，存在环境规制的逐底竞争情况，他们也发现逐底竞争现象存在区域性，但这种"搭便车"的现象逐渐不明显。钱争鸣和刘晓晨（2015）认为，各地区间竞相降低环境标准以减少效率损失，致使整体环境质量得到恶化。肖宏（2008）发现，逐底竞争主要在欠发达地区，而王宇澄（2014）发现，我国省际环境规制竞争行为主要发生在经济发展处于中等水平的中部地区，而东部、西部地区相对较弱。赵霄伟（2014）研究发现，自2003年以后，地方政府规制竞争由全局性变为局部性，只有中部地区的逐底竞争现象仍然显著。李胜兰等（2014）发现，地方的政府环境规制存在"模仿行为"，并对生态效率存在制约作用，但自 2003 年以后这种制约作用开始减弱。

4. 不确定性假说

不确定论认为环境规制与经济绩效之间的作用不明显。由于选择的研究样本、环境规制类型以及研究时期的差异，导致了环境规制对经济效率的影响存在不确定性。相关研究可以分为以下三类：

（1）环境规制的影响作用不明显。Berman 和 Bui（2001）以美国洛杉矶石油冶炼行业为例，认为严格的空气质量环境规制在增加污染控制投资的同时，也显著提高了生产率。Domazlicky 和 Weber（2004）采用 1988～1993 年 6 个化学行业的数据研究发现，没有证据支持环境管制会降低生产率。涂正革和肖耿（2009）基于 1998～2005 年省际工业面板数据，发现环境管制对中国工业增长尚未起到实质性抑制作用。

（2）环境规制的影响存在个体和空间异质性。学者研究发现，不同类型的环境规制对不同产业以及不同企业的生产率的影响不同。陈坤铭等（2013）认为，不同环境保护政策对各工业、企业生产效率的影响存在行业异质性，这种差异也取决于所选的研究区域的差异。李胜文等（2010）与李静和沈伟（2012）的研究分别发现了环境规制提高了东部地区的生产率和工业绿色全要素生产率，对中部、西部的影响却不明显。

（3）环境规制与经济效率之间存在非线性关系。随着相关研究不断深入，学者通过不断完善研究方法、丰富研究视角进行了一系列尝试，认为环境规制并非简单地促进或者抑制全要素生产率，两者之间存在复杂的非线性关系。具体而言，一方面，重点探究环境规制在长短期内对经济效率的影响差异性。Lanoie 等（2008）实证分析发现，加拿大魁北克地区制造行业的环境规制在即期对生产率产生负向影响，在环境规制变量滞后的情况下两者之间是正相关的。张成等（2010）认为，环境规制在长期内对基于 DEA 方法测算出的中国工业部门的全要素生产率有促进作用，而在短期则相对不明显，甚至有消极作用。另一方面，学者着重研究两者之间的非线性关系，从而制定最优的环境规制强度。最优环境规制强度的判定一般采用两种方法：一种是 n 次项法，其中，二次曲线法受到广泛应用；另一种是门槛面板模型。张成等（2011）研究发现环境规制对经济增长的影响呈现 U 形关系，与此相似的结论有熊艳（2011）、殷宝庆（2012）的研究。但沈能和刘凤朝（2012）认为，环境规制与工业全要素生产率之间呈倒 U 形关系，且存在行业异质性。相似地，李玲和陶峰（2012）认为，制造业的重度、中度和轻度污染产业的环境规制与绿色全要素生产率之间存在倒 U 形关系。此外，环境规制存在门槛效应。李斌等（2013）采用面板门槛模型估计环境规制与行业的绿色全要素生产率之间的门槛效应，寻找影响中国工业发展方式转变的环境规制门槛。

由上述文献分析可知，关于环境规制对经济增长的影响尚未达成一致结论。以上研究虽然没有取得一致的结论，但为环境规制与绿色经济增长的研究提供了方向性指导。

（二）绿色经济增长研究

随着全球经济的增长和资源环境问题的凸显，学者开始关注环境规制政策对绿色经济增长的研究。后来，越来越多的学者开始研究考虑资源和环境约束下的环境全要素生产率和绿色全要素生产率。国内学者涂正革和肖耿（2009）、陈诗一（2010）、王兵等（2010）、李玲等（2012）、李斌等（2013）对此进行了研究。但对衡量绿色经济增长的绿色经济效率的研究则较少。现有的绿色经济效率的相关研究主要围绕其测算方法、影响因素进行。

1. 绿色经济效率测算方法

准确测度经济效率水平是研究的基础。与随机前沿等参数方法相比,非参数数据包络分析(DEA)方法无须较多的主观假设,适合多投入、多产出的生产函数,且不受指标量纲的影响,已经成为效率测度的主要方法。在对经济增长影响的分析中,Nanere 等(2007)认为,环境污染等非期望产出常被研究者忽略,而忽视非期望产出的效率测度则不能够准确地衡量经济绿色发展的水平。因此,在测算绿色经济效率时,如何处理非期望产出的问题成为测度环境要素约束下的生产效率的关键。

为了使用 DEA 的评价技术衡量包含非期望产出的经济效率,学者进行了各种尝试。现有文献常采用以下六种方法来将环境因素纳入经济效率模型分析:①将非期望产出作为投入要素:一些研究(Gollop & Swinan, 1998; Hailu & Veeman, 2000; Hu et al., 2006; 陈诗一, 2009)将非期望产出作为投入要素,与资本和劳动等投入要素一起纳入生产函数,但这种方法不符合实际生产过程,因为环境污染物的排放具有产出的特征,忽视了环境污染的负外部性。②倒数处理法:Zhu(2003)和 Scheel(2001)提出倒数转换办法,把非期望产出 Y^b 的倒数 $1/Y^b$ 作为期望产出在 DEA 中处理。这种方法也不能反映真正的生产过程。③转换向量法:Seiford 和 Zhu(2002)将非期望产出乘以 -1,然后寻找合适的转换向量使所有负的非期望产出变成正值,在此基础上构造处理非期望产出的 DEA 方法,但该方法的凸性约束性条件使其只能在规模报酬可变条件下进行效率值求解,否则线性规划就可能无解。④双曲线法:Fare 等(1989)提出一个双曲线形式的非线性规划办法,通过近似办法线性化,但非线性数学规划的求解存在困难，其结果的准确性受到质疑。⑤非期望产出作为产出要素：将环境排放作为非期望产出纳入生产过程，代表性的研究有 Chung 等（1997）、Färe 等（2006）、涂正革（2009）、吴军（2009）。将非期望产出连同期望产出一起纳入生产模型中的方法受到了学界的肯定。Chambers 等（1996）将污染排放纳入生产过程，提出了基于方向性距离函数的环境规制分析模型，为解决考虑非期望产出的效率评价问题提供了较好的思路。因此，该方法在实证研究中得到了较广泛的应用，代表性研究有 Fare 等（2004）、Lindmark 和 Vikstrom（2003）、陈诗一（2010）、Ahmed（2012）。然而，这种方向性距离函数在评价效率时是径向、角度的 DEA 模型，要求投入或产出同比例变动，当存在投入过度或者产出不足时，即存在投入或者产出的松弛（Slacks）时，径向的效率测度模型不能充分考虑到投入产出的松弛性问题，会高估DMU 的效率；而且，在评价效率时是角度的，需要做出基于投入（假设产出不变）或基于产出（假设投入不变）的选择，从而忽视了投入或者产出的某一方面，度量的效率值也不准确或者存在偏差（Tone，2001），计算结果的可信度被大打折扣。

为了解决径向和角度的度量可能带来有偏效率值的问题，国内外学者对 DEA 方法也进行了拓展。Tone（2001）提出了基于松弛的 DEA 模型，Tone（2003）、Fukuyama 和 Weber（2009）、Färe 和 Grosskopf（2010）在此基础上构建了考虑非期望产出的、基于松弛的非径向、非角度的方向性距离函数（Slacks - Based Measure，SBM）。由于 SBM 模型能够避免径向和角度选择差异带来的偏差和影响，SBM 模型具有可加性，测度结果为相对值，在评价经济效率时具有很好的区分性，在测定环境或资源效率方面的研究受到重视（钱争鸣和刘晓晨，2013）。刘勇等（2010）对评价环境效率的六种评价模型（非期望产出作投入法、倒数转换法、双曲线法、转换向量法、方向性距离函数法、SBM 模型法）在处理非期望产出存在时的优缺点进行了比较研究，得出 SBM 模型是最有效的衡量方法。Lozano 和 Gutiérrez（2011）也得出 SBM 方法比方向性距离函数方法更具有辨识力，因此本书中也将采用 SBM 方法来测度绿色经济效率。

为了与非角度的、具有相加结构方向性距离函数相适应，Chung 等（1996）在传统距离函数的基础上提出了可以测度存在非期望产出的全要素生产率指数（Malmquist – Luenberger，ML），这个新方法更能拟合环境污染、能源消耗的生产率效应。但是，已有文献中所用的 ML 生产率指数一般采用两个当期 ML 指数几何平均的形式，导致在测度跨期方向性距离函数时可能面临一个潜在的线性规划无解问题。此外，以几何均值形式表示的 ML 指数不具有循环性或传递性（齐亚伟和陶长琪，2012），这使测算结果缺乏稳定性，也可能使测算结果与实际的生产活动不符。为使评价结果具备跨期可比性，Oh（2010）提出了全局参比的 ML 指数（Global Malmquist – Luenberger，GML），选取相同的参考技术前沿，使各个经济效率在时间上比较成为可能。

2. 绿色经济效率测算研究

国内关于绿色经济效率的测算研究相对较少。杨龙和胡晓珍（2010）采用传统 DEA 模型对 1995～2007 年我国 29 个省（市、区）的绿色经济效率进行测度，发现整体上我国绿色经济效率呈波动上升趋势。吴翔（2014）结合三阶段 DEA 模型和 Malmquist 指数测算了绿色经济效率。SBM 模型在研究中越来越受到学者的青睐。钱争鸣和刘晓晨（2014a）运用 SBM 模型测算了 1996～2010 年我国各省（市、区）绿色经济效率。钱争鸣和刘晓晨（2015）利用非期望产出 SBM 模型提出改进的绿色经济效率非参数条件效率模型，将环境管制作为条件计算得到条件绿色经济效率，结果发现，样本期间内无条件的绿色经济效率均低于条件效率，且随着时间的变化两者的差距有变大的趋势。

虽然 SBM 模型在绿色经济效率测算中得到了广泛应用，但在效率评价方面仍存在两个问题：一是该模型所测算的效率值介于 0~1，面临着无法比较绿色经济效率值等于 1 的有效单元之间的效率高低问题，而超效率的 SBM 模型能够解决该问题。但是，已有的超效率 SBM 研究却没有考虑非期望产出。二是用 SBM 模型所测得的绿色经济效率为静态的，只适合于各区域间的截面比较，没有准确计算效率的跨期增长，虽然有研究尝试采用 ML 指数进行动态分析，但是 ML 增长率指数法可能面临线性规划无解。

3. 绿色经济效率影响因素

在影响因素的选取方面，钱争鸣和刘晓晨（2014a）运用 SBM 模型测算了 1996~2010 年我国各省（市、区）绿色经济效率，然后利用 Tobit 模型考察了各省（市、区）绿色经济效率的影响因素。吴翔（2014）从对外经济开放度、经济社会结构、政策制度、人口结构和环境投资五个方面对绿色经济效率的影响因素进行了实证分析。钱争鸣和刘晓晨（2014a）分析了经济发展水平、FDI、结构因素、能源强度、城市化水平对绿色经济效率的影响，研究发现，不同时期的绿色经济效率存在不同程度的时空差异。钱争鸣和刘晓晨（2015）研究发现，绿色经济效率的提高取决于微观技术效率、市场运行效率、宏观资源配置效率和资源环境管制的改善。整体来看，影响绿色经济效率的因素主要有：①经济因素，包括经济增长水平、经济结构、产业结构、经济开放度、投资水平、金融发展水平等因素；②人口因素，包括人口结构、城市化水平等；③制度因素，包括环境规制、政府支持、环境投资等；④技术水平，包括技术市场成熟度、技术创新能力、技术效率等。

在衡量影响因素的方法方面，鉴于 SBM 模型测算出来的绿色经济效率的取值介于 0 ~ 1，OLS 方法不再适用，因此学者主要采用 Tobit 回归模型（李艳军和华民，2014）。虽然有些研究考虑到部分影响因素的非线性（齐亚伟和陶长琪，2012），但是像环境规制等影响因素对绿色经济效率影响的时滞性（钱争鸣和刘晓晨，2015）常常被忽略。可见，多数文献对绿色经济效率变动趋势的成因分析相对不足。

（三）环境规制与绿色经济效率

关于环境规制与绿色经济效率的文献目前还比较缺乏。大多数是围绕环境规制与绿色全要素生产率和绿色经济效率，主要研究结论可以分为以下三类：

1. 环境规制促进绿色经济效率

李静和沈伟（2012）认为，较为严格的环境规制对工业绿色全要素生产率的提高以及工业发展方式的转变均有促进作用。Li 和 Shi（2014）研究发现，环境规制与绿色全要素生产率之间存在正相关。钱争鸣、刘晓晨（2014b）从区域空间关联性角度，研究发现环境管制通过"筛选效应、内部技术溢出和外部技术溢出"促使绿色经济效率形成扩散和极化效应，进而推动地区经济发展。环境管制对提高绿色经济效率有显著的时滞作用，长期的治污投资能显著提高绿色经济效率水平。温湖炜和周凤秀（2019）发现环境规制对于绿色全要素生产率有显著的促进作用，差别化的排污费征收标准对绿色经济增长具有更加突出的作用。

2. 环境规制对绿色经济增长有抑制作用

部分学者认为随着环境规制水平的提高，会将新的目标约束强加在企业原有的技术水平上，进而会阻碍技术创新的速度、方向和规模，故而对绿色经济效率产生消极影响（张英浩等，2018）。

3. 环境规制与绿色经济增长存在阶段性、非线性的关系

Wang 和 Shen（2016）认为，两者的关系并不是简单的促进或抑制，而是复杂的非线性关系。韩晶等（2017）的研究表明，环境规制对绿色全要素生产率的影响由遵循成本的负效应变为创新补偿的正效应。环境规制对绿色经济效率的影响具有时滞性和非线性的特征。弓媛媛（2018）研究发现，在不同地区和时期，不同类型的环境规制对绿色经济效率的门槛效应又存在着异质性。宋德勇等（2017）发现，随着环境规制强度的上升，环境规制对绿色经济效率表现出先促进再抑制的作用，并提出我国区域经济发展不均衡，以后的发展应该更加注重中西部生产效率的提升。钱争鸣和刘晓晨（2015）研究发现，环境管制对绿色经济效率的影响不仅有时滞性还具有非线性特征。环境管制对不同地区的影响也存在差异性，东部地区的环境管制对绿色经济效率的影响呈现先降后升的趋势，但目前环境管制对中部、西部地区的绿色经济效率仍然具有抑制作用。

二、环境规制、绿色技术创新与绿色经济增长

关于环境规制对绿色经济增长的影响，还可以通过环境规制作用于绿色技术创新，进而对绿色经济增长产生影响。已有的研究大多围绕环境规制与技术创新、技术创新与经济增长来展开。

虽然也有学者对绿色技术创新进行研究，但是大多关注绿色技术创新的测度及其影响因素研究，对环境规制与绿色技术创新方面的研究则较少。本节围绕环境规制与技术创新、技术创新与绿色经济增长、环境规制与绿色技术创新三个方面对环境规制与绿色经济增长的相关研究进行梳理。

（一）环境规制与技术创新

环境规制与技术创新的关系研究大多是围绕波特假说的成立与否展开的，但是没有得到统一的结论。回顾相关研究文献，主要有以下几种观点：

1. 环境规制抑制技术创新

部分学者支持制约假说，认为环境规制不利于技术创新。一些学者对此也进行了大量的实证分析，如 Brännlund 等（1995）认为，严格的环境规制会导致瑞典的纸浆与造纸行业的境况变坏，不利于技术创新活动的开展。Carrion 等（2006）发现，美国 127 个制造业企业的污染排放量和环保型技术专利数是显著负相关的。与此研究结论相似的还有 Wagner（2007）的研究，他发现德国制造业企业的环境规制在一定程度上阻碍了企业的专利申请。也有些学者认为，环境规制会通过成本效应对技术创新产生挤出效应。Bailey 和 Anderson（1979）认为，环境规制的实施就是将资源环境赋予经济物品的特征，企业的生产需要支付消耗资源环境的费用，这必然导致生产成本的增加和企业利润的降低，对企业的技术创新产生了负面影响。Christainsen 和 Haveman（1981）认为，环境规制不仅提高了生产成本，严格的环境规制会对有前景的项目产生挤出效应，支持该观点的还有 Schmalensee（2009）认为，环境规制的实施会挤占企业原本用于技术创新的资金。但是，制约假说是基于新古典经济学的静态分析[1]，其前提假设忽视了企业行为的动态性。

2. 环境规制促进技术创新

许多学者支持波特假说，认为波特假说是一个基于技术创新的动态模型，设计恰当的环境规制政策工具能够有效地激励或者促进技术创新活动。波特假说更加符合社会的实际发展情况。有许多学者尝试从理论上验证波特假说（Simpson & Bradford Ⅲ，1996）。赵细康（2004）认为，环境保护政策通过内驱力、内阻力、外驱力和外阻力间接作用于企业的技术创新，激发其技术创新活动。在实证研究方面，Mohr（2002）借鉴 Xepapadeas 和 Zeeuw（1999）的研究，认为环境规制不仅可以提高企业的生产率，而且能够减少污染物的排放。Yang 等（2012）的研究表明，严格的环境规制引致更多研发。与此研究结论相似的还有 Lanoie 等（2007）、Horbach（2008）等。Johnstone 等（2011）选用 2001~2007 年 77 个国家的面板数据进行的研究表明，环境规制与以专利来衡量的环境保护相关的技术创新显著正相关。与此结论相似的有 Lanjouw 和 Mody（1996）对美国、德国和日本的研究，他们发现环境规制与环境技术专利之间存在正相关关系，Brunnermeier 和 Cohen（2003）对美国制造业的研究发现环境规制强度与产业环境专利数量之间存在显著的正向关系。赵红（2007a）认为，在中长期环境规制与两位数产业的技术创新显著正相关。

3. 环境规制对技术创新的影响存在不确定性

随着环境规制与技术创新研究的不断深入，学者开始认识到

---

① 新古典经济学认为，企业拥有完全的信息和预期，消费者需求、技术以及资源配置均是固定不变的。

环境规制与技术创新之间的关系可能不是单纯的抑制或者促进关系，两者之间的关系可能不明显或者存在非线性关系。具体来讲，两者之间的关系可以归为三类：

（1）环境规制对技术创新的影响难以确定。Kneller 和 Manderson（2012）基于英国制造业的数据研究发现，环境规制强度的提高未能增加总研发投入以及总资本的积累。吴清（2011）基于 2001～2009 年 30 个省（市、区）的数据研究发现，我国环境规制对企业技术进步的影响并不显著。

（2）环境规制与技术创新之间存在区域和行业差异。李平和慕绣如（2013）的研究表明，经济发展水平、能源使用效率和行业差异是影响环境规制与技术创新关系的重要因素。一方面，经济发展水平和能源使用效率相对较高的地区的环境规制有助于激发企业技术创新；另一方面，环境规制对污染密集型行业的技术创新有促进作用，对中度污染密集型行业的技术创新的影响不明显，对轻度污染密集型行业的技术创新有阻碍作用。持有相似观点的有沈能和刘凤朝（2012），他们的研究发现，环境规制对清洁技术创新的作用只存在于东部发达地区，而经济水平相对落后的中、西部地区的环境规制的技术创新效应却难以实现。张成等（2011）认为，东部、中部地区环境规制强度和企业生产技术进步之间符合 U 形关系，而西部地区的 U 形关系并不显著。

（3）环境规制与技术创新之间存在非线性关系。一方面，有研究认为两者之间的关系在长短期存在异质性。Blind（2012）采用 21 个 OECD 国家的面板数据，研究发现短期的环境规制不利于技术创新，长期的、合理的环境规制对技术创新有促进作用。李阳等（2014）利用 2004～2011 年中国工业 37 个细分行业数据，研究发现环境规制对技术创新的影响表现出显著的行业异质性、阶段异质性和长短期效应异质性。另一方面，也有学者研究两者之间的门槛效应。沈能和刘凤朝（2012）的研究结论表明，环境规制与技术创新之间的关系符合 U 形，即当环境规制越过门槛值后，波特假说成立。支持该观点的有沈能（2012）与臧传琴和张菡（2015）。

综上可知，环境规制对技术创新的影响往往由于其所采用的具体衡量指标和实证方法不同，所得出的结论也存在差异性。但环境规制与技术创新之间存在非线性关系的观点得到了大多数学者的支持。

（二）技术创新与绿色经济增长

国外学者分别从理论和实证角度研究了技术创新与经济增长之间的关系。在理论研究方面，早期的经济增长理论可追溯到 Solow（1956），后期的理论研究将创新内生化来解释经济增长（Romer，1986；Barro，1990）。例如，Iyigun（2006）认为，干中学与 R&D 活动会促进创新，进而促进经济增长。在实证研究方面，技术创新与经济增长的研究主要围绕 R&D 对全要素生产率的影响展开研究。Wilson（2002）和 Zachariadis（2004）的研究发现，R&D 支出和研发密度对提高全要素生产率有重要的促进作用。国内学者对技术创新与经济增长的关系也进行了较多的实证研究。吴传清和刘方池（2003）分析了技术创新促进区域经济增长的作用机理。颜鹏飞和王兵（2004）利用我国 30 个省（市、区）的面板数据测算了技术效率，并发现技术效率是全要素生产率提高的主要驱动因素。而涂正革和肖耿（2005）与王兵等（2008）分别测度了两位数大中型工业行业全要素生产率和 17 个 APEC 国家和地区的全要素生产率，发现技术进步是提升全要素生产率的重要动力。总体来看，学者均肯定了技术创新对经济增长的促进作用。但是，早期的国内外研究较少地考虑资源、环境的约束对经济增长的影响。

随着全球经济的不断增长，与之伴随而来的资源环境问题日益凸显，学者开始关注绿色经济增长的研究，而技术创新研究也开始关注资源环境与社会经济的协调发展。James 等（1978）指出，绿色技术创新能够缓解经济发展对资源消耗的过度依赖，实现绿色发展。王海龙等（2016）基于 C－D 生产率理论，将资源环境要素纳入生产函数，运用基于投入导向（Input－Oriented）的 BCC 模型①测算了中国区域绿色增长绩效和绿色技术创新效率，并进行实证研究发现我国绿色增长绩效省际差异较大，绿色技术创新效率对于绿色增长绩效存在显著正向影响。

（三）环境规制与绿色技术创新

由上述分析可知，国内外研究从理论和实证方面验证了技术创新有利于绿色经济增长。随着资源环境保护意识的增强，人们逐渐开始关注绿色技术创新效率，并探讨环境规制与绿色技术创新之间的关系。

1. 绿色技术创新效率

学者对技术创新效率已经进行了大量研究（Thomas，2011；官建成和陈凯华，2009；韩晶，2010），随着对绿色发展以及生产生活中所产生的资源消耗和环境污染问题的重视，学者开始将生态环保理念与绿色创新理念结合，开始研究绿色技术创新效率。华振（2011）基于 DEA 的 Malmquist 指数测算了 2003～2009 年我国省级绿色创新能力。王志平（2013）从"绿色经济效益、创新资源利用、生态效益"三个维度测算区域绿色技术创新的维度效率，并对其进行客观赋权，测度绿色技术创新综合效

---

① 1984 年由 Banker、Charnes 和 Cooper 共同提出，是数据包络分析中重要的模型之一。

率。任耀等（2014）基于 DEA‐RAM 模型构建了包含"绿色效率、创新效率和经济效率"的绿色技术创新效率模型。黄奇等（2015）将绿色增长理念引入传统的技术创新理论，测算了综合考虑资源消耗和环境污染的中国工业企业绿色技术创新效率。

在测度模型和方法方面，学术界主要围绕两个问题进行研究：一是如何解决在传统的全要素生产率测算模型的基础上引入资源和环境因素的问题；二是采用何种方法来更加科学、合理地进行测算。大多数学者支持将污染要素作为非期望产出来处理（Chung et al.，1997）。钱丽等（2015）测度了考虑工业"三废"和 CO_2 等非期望产出的 2003 ~ 2010 年各省（市、区）企业绿色科技研发效率和成果转化效率。而关于研究方法，非参数方法以数据包络分析（DEA）为代表，DEA 方法无须较多的主观假设，适合在多投入、多产出的生产函数，并且不受指标量纲的影响，是效率测度的主要方法之一。国内外有大量研究是基于数据包络分析（DEA）方法进行效率测算的，如 Thomas（2011）采用 DEA 方法测算了美国 2004 ~ 2008 年 50 个州的科技研发效率；白俊红等（2010）、白俊红和蒋伏心（2015）采用 DEA 方法分别测算了 1998 ~ 2006 年和 1999 ~ 2013 年我国省际研发创新绩效。在测度技术创新效率时，Malmquist 指数法受到了广泛应用（周力，2010；华振，2011）。但传统的 Malmquist 指数法没有考虑生产过程中存在的非期望产出。为了使用 DEA 的评价技术衡量包含非期望产出的效率，Chung 等（1997）在传统距离函数的基础上提出了新的方向性距离函数来测算考虑非期望产出的 Malmquist‐Luenberger（ML）指数。但 ML 指数仍然存在缺陷，在计算混合性方向性距离函数时可能出现线性规划无解，且存在非传递性。随着研究的不断深入，Tone（2001）提出了基于松弛的、非径向的 Slacks‐Based Model（SBM）模型。

此外，Oh（2010）在研究 OECD 国家全要素生产率时设置一个单一的贯穿全局生产技术的参考性生产前沿，提出了 Global Malmquist - Luenberger（GML）指数，使各效率之间的比较成为可能。

2. 环境规制与绿色技术创新效率

关于环境规制与技术创新的研究较多，但关于环境规制与考虑资源环境约束下的绿色技术创新的研究起步较晚，相关文献较少。学者主要围绕波特假说进行了较多的实证研究，但研究结论却存在差异。大多数学者认为，现有环境规制对绿色技术创新效率具有提升作用。李婉红等（2013）研究了环境规制对污染密集型行业绿色技术创新的影响，研究结果显示，在控制行业规模与创新人力资源投入变量时，严厉的环境规制可以有效促进绿色技术创新，但若未控制上述变量，环境规制强度与行业绿色技术创新显著负相关，即存在不完全环境规制现象，这也验证了波特假说成立的条件性。李斌和彭星（2013）认为，环境机制设计和技术创新是实现低碳绿色经济发展的关键，而现有的环境规制工具设计不能激励资本体现式技术创新，难以形成促进经济低碳绿色发展的技术创新系统。与此研究结论相似的有贾军和张伟（2014）的研究，他们发现环境规制的效用不理想，在显著促进了绿色技术创新的同时，也促进了非绿色技术创新。

此外，学者也探究了不同环境规制对绿色技术创新效率的影响。许士春等（2012）发现，排污税率和排污许可价格与企业绿色技术创新的激励程度显著正相关。张倩（2015）从命令控制型和市场激励型环境规制的视角研究发现，环境规制显著促进绿色技术创新，并表现出地区差异。

有学者不仅对环境规制与绿色技术创新的关系进行研究，而且探究了两者关系的空间异质性。江珂（2009）研究发现，环境规制在中长期对区域绿色技术创新存在促进作用，且对不同区域技术创新能力的作用存在异质性。相似地，童伟伟和张建民（2012）采用中国制造业数据的研究发现，环境规制在我国东部地区能够显著促进企业绿色技术创新，而中部、西部地区的促进作用并不明显。

三、环境规制、产业结构优化与绿色经济增长

鲜有学者研究环境规制通过产业结构作用于绿色经济增长。已有研究大多集中在环境规制与产业结构调整、产业结构调整与经济增长方面。虽然也有学者研究产业结构优化对节能减排以及经济增长的倒逼效应，但很少有学者从环境规制视角对产业结构优化进行研究。因此，本书围绕环境规制与产业结构优化、产业结构优化与绿色经济增长两个方面的文献进行梳理。

（一）环境规制与产业结构优化

学界对环境规制与产业结构的研究主要围绕着对环境规制与产业绩效、产业转移以及产业结构优化进行研究。

1. 环境规制与产业绩效

产业绩效的高低是衡量一个国家或地区产业发展乃至整个经济实力的重要体现，在很大程度上影响着一国或地区的综合竞争力。学者围绕着我国环境规制如何影响产业绩效（包括产业生产率以及产业竞争力）进行了大量研究。尤其是国外研究者，大多利用微观企业数据对两者之间的关系进行了验证。学者从不同研

究视角，选取不同方法对环境规制与产业绩效的作用关系进行了研究，主要的结论有以下三类：

（1）制约论。这是新古典学派的观点，认为环境规制的实施给企业带来了较高的生产成本，不利于产业绩效和产业竞争力的提升。许冬兰和董博（2009）的研究表明，严格的环境规制虽然提高了工业技术效率，但却导致了生产力的下降，尤其对经济发展水平相对较高的东部地区的生产力影响最大。王凯（2012）采用 1996～2009 年中国污染密集型行业数据，实证检验了环境规制对出口竞争力的影响，发现环境规制在短期内对行业出口竞争力起到一定的阻碍作用。

（2）促进论。与新古典观点不同的是，有许多学者支持波特假说，认为环境规制引起的产业绩效或者产业竞争力的损失是暂时的，在长期，环境规制可能通过技术创新来提高产业生产率。王文普（2013a）利用 1999～2009 年中国 30 个省（市、区）工业企业数据对环境规制与产业竞争力的关系进行实证分析，表明环境规制存在溢出效应，有利于产业竞争力的提高。

（3）不确定论。环境规制对产业绩效的影响存在不确定性。傅京燕和李丽莎（2010）发现环境规制与制造业产业产业竞争力之间符合 U 形关系。殷宝庆（2011）利用 2002～2010 年我国制造业数据研究发现，环境规制与制造业行业全要素生产率呈 U 形关系。李玲和陶峰（2012）的研究表明，依据污染物排放强度划分的重度污染行业部门的环境规制强度相对合理，能够提升全要素生产率；中度污染和轻度污染行业部门的环境规制相对较弱，与全要素生产率之间呈现 U 形关系。

2. 环境规制与产业转移

无论产业的转入还是转出都会影响一国产业结构，学者大多从环境规制对产业转移或者产业结构变迁方面对环境规制与产业结构的关系进行研究。这一研究主要是在开放经济条件下，围绕污染避难所假说是否成立进行的。相关研究可以从两个角度进行阐释：

（1）从外商选择产业转移的角度。List 和 Co（2000）研究发现，国家环保法规会对跨国企业新工厂选址决策产生影响，跨国企业为了避开高标准的环境规制会将企业转移至环境规制水平相对较低的国家或地区。与此研究结论相似的还有 Xing 和 Kolstad（2002）研究环境规制对污染行业资本流动的影响，Quiroga 等（2007）利用 71 个国家的数据验证了污染避难所假说。但是，Cole 和 Elliott（2005）通过美国数据研究则得出了相反结论，认为污染避难所假说不存在。

（2）从政府吸引外资的角度。Ljungwang 和 Linde – Rahr（2005）利用 1987 ~ 1998 年中国省际面板数据，研究发现经济发展落后地区往往采用较弱的环境规制来吸引境外产业，以促进本地经济发展。Van Beers 等（1997）认为，各竞争国家降低环境规制标准来吸引高规制标准国家产业，这种相互竞争博弈会一再降低环境规制标准，形成恶性竞争，使环境状况不断恶化。国内学者从地方政府分权视角对此也进行了大量实证研究，研究发现较低的环境规制致使污染密集型企业转移，导致产业结构趋向污染密集型。夏友富（1999）认为，地方政府采用差异化的环境规制，降低环境政策准入标准以吸引外商进入，借此带动经济增长，因此，出现了外商直接投资将相对非清洁的产业转移到中国。杨海生等（2005）基于对 1990 ~ 2002 年中国 30 个省（市、区）的面板数据的研究发现，强度较低的环境规制导致外资污染密集型产业进入，以提升产业竞争力。朱平芳等（2011）基于2003 ~ 2008 年地级市数据的研究得出相似结论，地方政府通过降低环境规制标准来吸引外商直接投资。

3. 环境规制与产业结构优化

由上文分析可知，有关环境规制强度与产业结构的研究大多是考察污染避难所效应的适用性问题，而较少有研究针对区域内产业结构优化、调整开展。已有研究主要集中在环境规制与产业结构升级、产业结构调整方面。

在产业结构升级研究方面，肖兴志和李少林（2013）基于1998～2010年我国30个省（市、区）的面板数据，分别从国家和区域层面实证分析了环境规制对产业结构升级的影响，研究发现国家层面和东部地区的环境规制显著地促进了产业升级，而中部、西部地区的情况却不显著。韩晶等（2014）基于双重差分模型，从产业技术复杂度的视角分析环境规制对产业升级的影响，研究结论认为，环境规制对产业升级具有正向的促进作用，其促进作用的显著程度取决于产业发展阶段、区域经济发展水平和环境规制类型。

在产业结构调整研究方面，学者大多认为环境规制对产业结构调整存在倒逼效应，但由于研究视角、研究方法以及研究样本的不同，所得的结论也存在一定差异。梅国平和龚海林（2013）提出了环境规制促进产业结构变迁的外延式和内延式发展路径，并利用省际面板数据实证检验了环境规制能够有效地促进产业结构优化升级。李强（2013）基于 Baumol 模型和省际面板数据的研究表明，环境规制会提高服务业部门在工业部门的比重，从而显著地促进产业结构调整。徐开军和原毅军（2014）从理论上分析了环境规制影响产业结构调整的传导机制，并实证研究发现环境规制对产业结构调整存在显著的促进作用。

随着研究的进一步深入，有学者将环境规制进行细分，研究不同类型的环境规制对产业结构调整的影响。原毅军和谢荣辉（2014）的研究发现，正式环境规制能有效促进产业结构调整；

当工业污染排放强度为门槛变量时，环境规制与产业结构调整之间存在门槛特征和空间异质性，正式环境规制强度对产业结构的调整作用呈现 N 形，而非正式规制强度与产业结构调整正相关。何慧爽（2015）基于 2003～2012 年中国省际面板数据，以环境规制与产业结构优化为例，实证验证了环境库兹涅茨曲线的存在，环境规制会驱动产业结构优化升级，不同地区、不同类型环境规制对产业结构优化的作用存在差别。

还有学者同时从产业转移和产业结构调整两方面进行研究。具有代表性的是钟茂初等（2015），研究基于中国省级面板数据，采用面板门槛模型研究发现，环境规制与地区产业转移、产业结构升级之间符合 U 形关系，只有越过环境规制的门槛值才能实现对产业机构调整的倒逼效应。研究还发现，中国目前处于半内涵式①发展阶段，环境规制在产业转移方面起到了推动作用，但对产业结构升级的作用不明显。此外，在不同研究区域，不同环境规制类型对产业转移和产业结构升级的影响存在异质性。

（二）产业结构优化与绿色经济增长

关于产业结构优化调整促进绿色经济增长的研究较少，学者多从产业结构优化对经济增长和生态环境效益改善的角度进行研究。现有研究主要从以下两个方面进行：

1. 资源环境约束下的产业结构优化调整研究

即倒逼减排效应。史忠良和赵立昌（2011）认为，我国的产业结构调整应该充分利用技术创新对第二产业的结构调整作用，

---

① 钟茂初等（2015）根据测算出的两个门槛值，将环境规制与产业结构转型的关系划分为三个阶段：一是外延式发展阶段，即环境规制无法促进地区产业转移与本地升级，环境规制难以实现倒逼产业结构转型；二是半内涵式发展阶段，即环境规制倒逼产业结构转型只能部分实现；三是内涵式发展阶段，即环境规制倒逼产业结构转型，实现环境保护与结构调整的双赢。

同时大力发展第三产业，着力推动节能减排与绿色发展。但是，也有学者认为要谨慎地推进产业结构高级化，以免破坏具有结构性增速特征的工业化结构。于斌斌（2015）指出，当前中国经济发展进入了结构性减速的阶段，在经济发展阶段和城市人口规模的双重约束下，不同规模等级的城市需谨慎、合理地推进产业结构高级化调整，使全要素生产率成为中国经济增长的重要驱动力。

2. 产业结构优化调整的资源环境效益研究

即产业结构优化调整促进绿色发展。部分学者认为产业结构调整不利于环境保护。Shandra 和 Shor（2008）对 1990～2000 年 50 个贫困国家的样本进行研究，发现债务、产业结构调整和工业出口增加了水污染，总体上会加重环境污染。李斌和赵新华（2011）研究发现，工业经济结构的变化对工业三种主要废气的减排效果不明显，与 2001 年相比，甚至还加剧了环境污染。于峰等（2006）基于 Stern（2002）的模型，利用 1999～2004 年我国省级面板数据的研究发现，经济规模扩大、产业结构变动以及能源结构变动加剧了我国环境污染，不同地区产业结构调整政策对于各地区环境所造成的影响存在差异。另外，有一些学者认为产业结构调整有利于环境保护。另一种观点认为产业结构调整能够有效降低高污染、高能耗产业的占比，提高对清洁技术和设备的投资和研发（钟茂初等，2015）。万永坤等（2011）动态地考察了产业结构变化对污染物排放的影响，测算出各产业结构变动对各污染物排放量的弹性系数，并对产业结构调整优化、发展绿色产业提供了建议。

四、相关研究评述

通过梳理相关文献可以看出，学者就环境规制与绿色经济增长研究进行了较多努力，现有研究成果极大地丰富了环境规制与绿色经济增长研究的视野，为本书研究的开展奠定了坚实的基础。但从上文对相关研究动态的梳理可以看出，现有文献仍存一些不足和有待进一步改善的地方，主要表现在以下几个方面：

（一）理论模型及其作用机理的分析有待深化

对环境规制影响绿色经济增长的微观理论机制研究不足。国内外很少有研究将环境规制和绿色发展纳入统一分析框架内，分析环境规制是如何影响绿色经济增长的。虽然鲜有一些实证研究分析了两者之间的关系，但大多是从宏观角度构建模型，仅仅依靠理论的逻辑推演和计量方法分析，对两者的理论模型以及作用机制的分析相对缺乏。基于此，本书基于环境规制理论、经济增长理论、技术创新理论和产业组织理论在绿色索洛模型的分析框架下，为环境规制倒逼绿色技术创新、产业结构优化和促进绿色经济增长寻找合理的微观基础。

（二）对不同环境规制类型的分析有待深入

鲜有文献比较不同类型环境规制对经济增长的影响，而是笼统地视环境规制为一个整体，利用一个综合变量来表征环境规制强度，因而难以提出有针对性和差异化的环境规制政策。鉴于不同类型的环境规制分别体现了不同的环境保护倾向及目的，其执行效果不同，因而对绿色经济增长的激励效应也存在较大差异（李斌，彭星，2013）。因此，有必要分析不同类型的环境规制对绿色经济增长的作用，才能因地制宜地选择最有效的环境规制政策工具。

（三）主要指标的测度方法有待进一步改善

1. 环境规制的衡量指标缺乏科学性

在衡量环境规制时常常采用某项具体的环保措施，这样选取单一指标的方法可能会导致结果的偏误。因此，本书通过构建环境规制综合指数，更加科学、合理地评估环境规制的严厉性。此外，现有研究大多忽视了环境规制的异质性，大多笼统地将环境规制视为一个整体。鉴于不同类型环境规制执行效果不同，对绿色经济增长的激励效应也存在较大差异，本书拟分析不同类型环境规制对绿色经济空间均衡增长的作用。

2. 对绿色经济效率和绿色技术创新效率的测度不够科学

国内外文献少有从绿色经济增长的视角综合考虑资源环境污染和经济增长的关系，传统的测算方法没有考虑资源消耗和环境污染对效率的影响，或者在处理非期望产出时的方法存在一定弊端。在现有的研究方法中，虽然SBM方法在解决径向和松弛性的问题上受到广泛应用，但该方法无法比较效率值等于1的有效单元之间的大小。此外，采用ML生产率指数在测度跨期方向性距离函数时可能面临一个潜在的线性规划无解问题，以几何均值形式表示的ML指数不具有循环性或传递性，而采用全域的ML指数通过设置共同的前沿面能较好地解决这一问题。因此，本书基于SBM模型和GML指数来测度考虑资源环境约束下的绿色经济效率和绿色技术创新效率。

3. 产业结构优化的衡量指标过于单一

主要采用三次产业增加值占 GDP 的比重来衡量，这种方式更多的是关注产业结构调整的幅度，往往忽视了产业结构调整的质量。因此，本书从数量（比例关系）的增加和质量（生产率）的提高两方面，采用基于 SBM 方向性距离函数的 GML 指数来衡量产业结构的优化程度。

（四）实证研究方法有待进一步完善

由于研究方法的不同，环境规制与经济效率的研究结果也出现促进、抑制或者不确定等结论不统一的情况。已有研究大多是采用线性模型来检验环境规制对经济增长的作用效应，但由于我国各地区在资源禀赋、经济和社会发展水平、产业结构等方面存在差异，两者之间可能存在非线性关系，简单地用线性关系描述环境规制对绿色经济增长影响的估计可能是有偏的。然而，在研究环境规制与绿色经济增长的非线性关系方面，分组检验或二次曲线法是较为常用的方法（徐盈之等，2015）。但这两种方法存在一些弊端：分组检验的主观性较强；二次曲线法则限定了 U 形或倒 U 形拐点两侧必须服从对称分布，且其水平项和二次项之间往往存在较强的相关性；此外，这两种方法均不能较为准确地确定拐点的位置。基于此，本书一方面采用面板门槛模型检验环境规制与绿色经济效率之间是否存在门槛效应以及最优的环境规制强度应该如何设计；另一方面将核心解释变量的三次项也引入模型，来判断环境规制与绿色经济增长之间的非线性关系。

（五）鲜有分析环境规制对绿色经济增长的间接作用

现有文献较少对环境规制是通过何种机制来促进绿色经济增

长进行系统研究。根据经济增长理论和产业组织理论，绿色技术创新和产业结构优化是推动经济可持续发展的重要动力。环境规制通过改变企业的成本收益来影响企业的绿色技术创新行为，促进产业结构优化。因此，本书拟从绿色技术创新和产业结构优化的视角研究环境规制促进经济增长和环境改善的作用机制和作用效果。

基于以上分析，本书在分析现有成果的基础上，重点就影响绿色经济增长的作用机制、环境规制对绿色经济增长的作用效应测度，以及探寻环境规制视角下绿色经济增长的提升路径和应对策略等关键基础性问题展开系统研究，以期为优化环境规制顶层设计、打破绿色经济增长不均衡的困境、实现绿色经济纵深发展提供理论支持和实践指导。

五、本章小结

环境规制与经济增长研究一直是学者研究和关注的热点，学者从不同层面探讨了环境规制与经济增长之间的关系，逐步开始考虑资源环境因素对经济绿色发展的影响。由于现有研究在研究样本、考察时间区间、指标和数据选取以及估计方法等因素的选择上不同，导致了研究结论的差异，这表明了环境规制与绿色经济增长之间的关系复杂。本章从理论和经验研究两个角度分别梳理了环境规制与绿色经济增长、环境规制与绿色技术创新、环境规制与产业结构优化的主要文献，分析了环境规制通过绿色经济效率、绿色技术创新和产业结构优化作用于绿色经济增长；并对现有文献进行了评述，拟在现有研究的基础上，从理论模型及作用机制、不同环境规制类型、指标测度优化、研究方法以及研究设计等角度进行改善，为下文的理论基础及模型分析、实证设计及检验提供了研究基础并指明了研究方向。

第三章

环境规制与绿色经济增长的理论基础

环境规制与绿色经济增长研究离不开对理论基础的分析。资源浪费、环境污染以及生态破坏等"市场失灵"问题仅仅依靠市场机制难以解决，还必须依靠环境规制的实施推动技术创新、产业结构优化，进而影响绿色经济增长。本章主要介绍环境规制与绿色经济增长的基本理论，包括环境规制理论、经济增长理论的演变、技术创新的波特假说理论以及产业组织理论。在环境规制与绿色经济增长的相关理论分析的基础上，构建新古典经济增长理论的基础上构建绿色索洛模型，着重分析效率、技术、结构因素对绿色经济增长的影响。

一、环境规制与绿色经济增长的基本理论

（一）环境规制相关理论

环境规制是指由于环境污染的外部不经济性，政府通过专门

的行政机构制定相应的政策与措施对造成环境污染或是损害的厂商、企业进行限制甚至处罚，以达到环境和经济协调发展的目的。本节从环境与自然资源的稀缺性、环境污染负外部性、公共物品属性等相关理论阐述了环境规制实施的必要性，为环境规制研究奠定了理论基础。

1. 稀缺性理论

经济学中的稀缺性，是指相对于人类多种多样且无限的需要而言，满足人类需要的资源是有限的。而资源的稀缺性是指在既定的时期内，资源的供给量相对于需求是不足的。

20 世纪 60 年代以前，自然资源的稀缺性和环境恶化问题并未得到人们的关注，主要以马歇尔的思想占统治地位。尽管在这一时期出现了 Ramsay 的优化增长理论和 Harold 对耗竭资源经济学的研究，但是这些观点基本与马歇尔的思想一致，否认绝对资源稀缺约束的可能性，认为经济上有用的自然资源的相对稀缺都能通过市场价格得到反映（Barnett & Morse，1963）。60 年代初期，Barnett 和 Morse 提出环境资源稀缺性理论，认为只有作为经济过程的原材料和能源供应者这一功能的环境资源才具有稀缺性。这样，传统经济理论关于自然资源的定义通常局限于有经济价值的作为生产直接输入的那些环境资源，这些人们将工业生产的环境影响看成是区别于资源利用和消耗的问题。基于以上分析，环境资源对经济增长构成约束的传统资源稀缺性理论可以归结为两种基本观点：一是资源绝对稀缺性。即在可获取的自然资源存量的极限没有达到之前，环境质量是不变的，不存在边际成本上升和收益递减现象，环境资源的有限性构成了对经济发展的绝对约束，只有在达到极限时，资源的稀缺性影响才会在上升的成本中通过价格得到反映（Morton，1961）。二是资源的相对稀缺性。资源质量是变化的，不存在环境资源的绝对稀缺，仅有资源质量下降的相对稀缺。一旦物理性稀缺资源被化为以价格变化形式反映的相对稀缺性时，经济系统就会自动通过寻求某种资源来替代这一相对稀缺自然资源的方式对价格信号做出反应（Daly，1977）。即不断上升的相对成本会刺激技术进步，导致经济质量更优越的替代性资源，经济增长可能使特定资源存量出现暂时的不断增加的相对性稀缺，但不会导致对经济增长的绝对约束（Nathan，1973）。从总体上看，传统经济研究中对环境资源稀缺问题的长期影响持乐观态度。

到20世纪60年代末，随着人类活动对环境影响的深度和广度的扩大，各种环境问题逐步暴露出来，人类逐渐认识到环境问题的实质在于人类索取资源的速度超过了资源及其替代品的再生速度，人类向环境排放废弃物的速度超过了环境的自净力（罗慧等，2004）。环境对于经济发展的制约作用使人们对工业革命给自然带来的影响及发达国家经济发展模式进行了反思，环境稀缺论应运而生（蔡宁、郭斌，1996）。

环境稀缺论认为环境是一种稀缺资源，是指在一定时间和空间范围内，某环境要素只能满足人们的生活需求，而难以同时满足生产需求；或只能满足一些人的某种生产需求而难以满足另一些人的生产需求，由此导致生产和生活活动对环境功能的需求产生竞争和冲突，导致环境资源多元价值的矛盾和某种环境功能的稀缺性（王燕，2009）。稀缺性概念具有动态性特点，随着社会经济条件的变动，资源稀缺性属性也会发生改变。

环境资源是稀缺性动态演变的典型代表。传统的生产要素并不包括环境因素，环境作为一种自由物品，对经济行为主体是无偿使用的，对大气资源、水资源、土地资源的污染是不需要付费的。由于环境存在稀缺性属性，环境的供给有限，环境本身吸纳污染的能力以及社会对环境污染的承受能力也是有限的，环境资源在不同用途之间存在竞争使用的问题。当环境的无偿使用引起供给难以满足经济主体的需求时，环境的稀缺性问题就会显现。环境稀缺属性使其成为经济物品，那么如何合理、持续地分配和利用环境资源，进而防止出现负外部性、产权界定等问题，使政府环境规制具有必要性与合理性。

2. 外部性理论

外部性亦称外部成本、外部效应（Externality）。萨缪尔森和诺德豪斯（1999）将外部性定义为"那些生产或消费对其他团体强征了不可补偿的成本或给予了无须补偿的收益的情形"。兰德尔（1989）认为，外部性是用来表示"当一个行动的某些效益或成本不在决策者的考虑范围内时所产生的一些低效率现象；也就是某些效益被给予，或某些成本被强加给没有参加这一决策的人"。上述两种不同的定义，本质上是一致的，即外部性是某个经济主体对另一个经济主体产生一种外部影响，而这种外部影响又不能通过市场价格进行买卖。

外部性可以分为正外部性和负外部性。正外部性是指行为主体对其他主体或公共环境带来的一种无须支付任何费用的正效益，又可以细分为生产的正外部性和消费的正外部性，此时私人收益小于社会收益，导致行为主体的激励不足。负外部性是指行为主体对其他主体或公共环境带来的效用的损害，又可以分为生产的负外部性和消费的负外部性，此时私人收益大于社会收益，导致资源的过度使用和环境问题。无论是正外部性还是负外部性，从最优配置角度讲都是一种无效率状态（张宏军，2007）。

环境污染导致的负外部性是环境规制产生的根源。环境负外部性是指经济行为主体对其他主体或公共环境带来的效用损害，此时私人成本大于社会成本。这种成本是计划之外的，而且具有客观性，即一种"非市场性"的附带影响。作为一个理性的"经济人",经济行为主体的目的是追求经济效用最大化,由于其追求自身利益的动机,很少会主动保护和改善环境。环境使用的负外部性表现为使公众、自然环境或公共资源来分摊或全部负担本应该由私人承担的那部分成本,进而导致资源的过度使用和环境问题。这暗含着环境负外部性本质就是一种自然资源无效率配置,就是一种市场失灵的现象,存在帕累托改进。

要解决自然资源错配、环境污染的负外部性问题,关键在于如何更好地运用各类环境规制手段让市场发挥调节资源配置的决定性作用。在一个有效的市场经济中,要确保资源实现最优配置,必须具备三个基本条件:一是明确性,即主要是以产权为核心的权利能够为法律所明确和保护;二是专享性,只有所有者才能享有和处置财产;三是可交易性,在自愿原则下,所有权能够通过市场转让给其他市场主体(徐桂华和杨定华,2004)。根据科斯定理,环境问题的负外部性在于产权关系的不明确,在一个有效的产权条件下,处于外部性的相关主体之间的产权交易将会消除帕累托相关外部性,并且产生一个高效率结果或均衡状态。这意味着,如果通过有效的市场机制设计把环境污染权利作为一种商品进行交易,使企业付出一定的环境污染成本,就可以达到消除环境污染负外部性的目的。此外,环境规制还可以通过有效的价格机制,给外部不经济制定一个合理的价格,并且根据这个价格参照对产生外部性的经济主体征税,这又被称为"庇古税",它有助于解决企业生产的私人成本与社会边际成本不对称的问题。作为理解环境经济学中各参与主体行为的一把钥匙,外部性理论解释了市场失灵状态和资源的低效率配置情况,揭露了当前社会环境问题的根源。

3. 公共物品理论

公共物品理论是研究公共事务的一种现代经济理论,根据公共物品理论，所有物品有两个至关重要的属性：竞争性和排他性。如图 3-1 所示，根据排他性和竞争性的强弱程度可以将物品或服务分为四类：一是兼具竞争性和排他性特征的物品或服务，称为私人物品（Private Goods）；二是纯公共物品（Pure Public Goods），具有非竞争性和非排他性特征的物品或服务；三是俱乐部物品（Club Goods），也属于准公共物品，是介于纯公共物品与私人物品之间的物品或服务，具有竞争性和非排他性特征；四是公共池塘资源（Common-Pool Resources），也属于准公共物品，就是同时具有非排他性和竞争性的物品或服务，是一种人们共同使用整个资源系统但分别享用资源单位的公共资源。

图 3-1　公共物品和私人物品

公共物品理论是西方学者承认市场机制发生失灵的最主要领域，也是政府及其他公共组织存在的主要理由。休谟（1739）认为，公共物品不会对任何人产生突出的利益，但对整个社会来讲则是必不可少的，因此公共物品的生产必须通过联合行动来实现。Samuelson（1954）认为，公共产品是所有成员公共享用的集体消费品，社会全体成员可以同时享用该产品，每个人消费这种物品不会导致别人对该种产品消费的减少。总体来说，公共物品（此处指纯公共品）是指那些为整个社会共同消费的产品。严格地讲，它是在消费过程中具有非竞争性和非排他性的产品，是任何一个人对该产品的消费都不减少别人对它进行同样消费的物品与劳务（王新利和张广胜，2007）。

环境资源就是一个高度的非排他性和非竞争性的物品。在使用环境这一公共物品时，人人都有权利共享。然而，公共物品的非排他性使人们倾向于低报或者隐瞒自己的偏好，希望他人来支付费用以满足自己能够最大限度地消费公共物品的愿望。但是，每个人虽然有权利享用环境，但没有权利阻止其他人的使用，如果不加以限制地使用和消耗环境这一公共物品，就会引发公地悲剧（Tragedy of the Commons），造成生态资源和环境破坏（张菡，2014）。例如，包括大气污染在内的众多环境污染问题实际上是一种公地悲剧。由于洁净的空气作为一种公共资源具有非竞争性和非排他性，因而社会上的每个人都具有使用权，且没有权利阻止别人去消费空气，进而导致了煤炭、钢铁、化工等重污染企业将大量污染物排入大气中，造成了公共资源的过度使用和消耗，导致了企业在生产过程中出现了严重的负外部效应，此时市场机制并未发挥应有的作用。

公共物品常常因其产权难以界定，或者界定的交易成本过高，而被竞争性地过度使用或侵占。为了避免上述现象的发生，政府制定相关法律法规来保护自然资源和生态环境，对环境要素进行产权界定，使其具有一定排他性。因此，环境规制在解决公共物品面临的公地悲剧问题方面有重要作用。

（二）经济增长理论

经济增长是经济学中一个重要的研究方向，主要形成了古典经济增长理论、新古典经济增长理论、内生经济增长理论（又称新经济增长理论）以及制度经济学理论。古典经济增长理论的代表人物有 Adam Smith、David Ricardo、Thomas Robert Malthus、

Roy Harrod 和 Evsey Domar。Smith 最早在《国富论》中提到分工有利于促进经济发展，国家应该利用生产绝对优势来开展对外贸易从而促进国民经济，他认为劳动力作为生产函数中的唯一投入，对经济增长起着至关重要的作用。Ricardo 发展了斯密的绝对优势理论，提出比较优势理论；Malthus 提出人口理论，早期的古典经济理论学派认为劳动力是促进经济发展的关键因素。经济学家 Harrod 和 Domar 在 19 世纪 40 年代提出的经济增长理论之间有着异曲同工之妙，因此被称为哈罗德—多马模型（Harrod - Domar Model）。哈罗德—多马模型的假设前提为：生产函数中只有劳动力和资本两种要素，并且两种要素不能够替代，不存在技术进步。哈罗德—多马模型指出，为了使资本得到充分利用，总产出 Y 和资本 K 必须保持同步增长，该增长率由储蓄和资本—产出比决定。哈罗德—多马模型是现代经济增长理论的开创者，指出储蓄对经济增长有着驱动作用，物质资本的积累可以促进经济发展。

尽管人们称赞哈罗德—多马模型对经济增长理论的创造性贡献，但是 Robert Solow Trevor Swan 等学者对该模型的缺陷做出了批评，在此基础上提出了索洛模型（Solow Model），发展了新古典经济增长理论。Solow 认为，将要素之间的投入比例固定不变是不合理而且脱离实际的，Solow 提出资本与劳动力投入之间有一条平滑的替代曲线，并且索洛模型是在规模报酬不变以及生产要素的边际报酬递减的假设下成立的。模型强调储蓄率的作用，当所有的储蓄全部用于投资时，经济才能实现均衡，在均衡状态中人均资本与人均产量以技术进步率的速度增长，但是在索洛模型中的技术是外生变量。索洛模型也有其固有的缺陷，经典的索洛模型认为，只要国家之间的储蓄率相同，不管初始资本高低，国家之间最终会实现经济发展的趋同，这不能解释现代经济中发达国家与发展中国家之间存在的难以跨越的差距。Karl E. Case 和 Garin Kupisman 把 Frank P. Ramsey 的消费者理论引入经济增长理论，将储蓄率内生化，但是也不能突破人均产出对外生技术进步率的依赖。新古典经济理论在古典经济理论的基础上完善了经济增长的解释，但是在技术外生性问题上被诟病较多，因为技术作为一个非竞争性产品，一旦研发出来，内在的外溢性使其具有公共产品的特点，因此技术进步的非竞争性与完全竞争是相互矛盾的（陆静超，2004）。

内生经济增长理论将索洛忽视的技术这一变量引入生产函数，将技术进步内生化，克服了新古典经济增长理论中技术外生、技术水平凭空给定这个不合理的假设。内生经济增长理论的代表人物有 Paul M. Romer 和 Robert E. Lucus。Romer 认为，知识和技术进步能够驱动经济实现长期增长，他将技术进步引入模型中，认为人力资本投资可以促进知识增长和技术进步，而技术又可以带动经济持续增长。罗默模型反对新古典中增长的趋同和收敛性，认为技术进步带来的经济非收敛性可以很好地解释国家之间的发展差距以及经济长期增长的原因。由此可见，内生经济增长模型认为，由于知识和技术进步的外溢性，从而克服了边际报酬递减，因此实现经济长期增长。

在新古典和内生理论发展衔接期间，一个新的研究经济增长理论的学派兴起，这就是结构主义学派，早期体现结构主义学派观点的理论有中心—外围理论和大推进理论，在古典、新古典、内生经济理论认为只有通过劳动力、资本和技术进步等生产要素的积累才能促进经济增长，忽视了经济结构的作用，但是结构主义学派认为，经济增长的内在动力在于结构变化，而结构变化不能通过生产要素的积累自然而然地发生改变，而是需要借助外力，包括经验技术能力、基础设施、风险资本家等，他们认为国家之间的产业结构调整能够保持经济增长的活力，如果结构变化动力不足，最终会阻碍经济发展，并且强调新兴产业的创新活动和传统产业生产的本质区别。

新古典、内生经济增长理论中认为实现经济增长的原因在于生产要素的积累，而结构主义学派认为原因在于结构调整（谢伟和朱恒源，1999）。最新的研究方向是探讨制度因素的作用，从而衍生出制度经济学。制度经济学派认为经济增长需要有一个驱动机制来保证增长源泉的活力，因此需要将这个驱动机制从生产要素中剥离出来，单独进行研究。制度经济学派代表人物有Douglass C. North 和 Mancur L. Olson，North 认为，公平有效的交易机制能够减少外部性，降低交易成本，从而提高交易效率实现经济发展；Olson 认为，资源禀赋差异不能完全解释国家之间的差距，落后国家因为缺失公平的交易制度、产权制度以及正确的经济发展政策，很难在短时间内追赶发达国家。此外结构主义学派也提出只有制定合理的产业政策，才能实现经济高效有序运转、优化经济结构，实现长足发展。

（三）波特假说理论

生存与发展是人类亘古不变的话题。随着"二战"的结束和第三次产业革命的掀起，世界经济实现了巨大飞跃，人类社会物质财富日益丰富，但与此同时，经济增长与环境保护的矛盾开始显性化和尖锐化。随着 1962 年《寂静的春天》和 1972 年联合国《人类环境宣言》的发表，世界各国从政府到民间开始对经济发展与环境的关系展开深刻的反思。

在传统的新古典经济理论看来，严格的环境规制会导致企业生产成本的增加和竞争力的降低，进而对经济增长产生负面影响。具体而言，一是成本约束。严格的环境规制会直接增加企业的生产成本，致使企业的利润降低或亏损甚至破产倒闭，进而影响整个国家经济的发展。二是挤出效应。严格的环境规制会迫使企业加强环保投资，在投资总量一定的条件下，更多的环保投资会挤出企业用于生产的投资，进而使企业难以投入更多的资金在规模扩张、效率改进、装备升级等方面，导致企业竞争力下降，市场份额降低。从直观感受看，这种观点似乎无可厚非，但日益严峻的环境问题使我们不得不重新审视经济增长与环境规制的关系。

竞争战略之父 Michael E. Porter 在 1991 年提出了全新的观点，他认为，不能简单地将两者严格对立起来，严格且适当的环境规制会使生产者从中受益和获得市场竞争力。这种观点被称为波特假说，并不断地丰富与发展，得到政策当局和环保主义者的热烈欢迎。具体而言，经济增长与环境规制不是简单的"鱼和熊掌"的关系，严格且适当的环境规制不仅可以实现环境质量的提高，也能够刺激企业积极改进生产工艺和加强技术创新，进而提高企业的行业地位和市场份额。此外，率先改进生产工艺的企业还可以通过绿色专利权、环境政策游说等方面提高竞争对手的成本，并获得更高的超额收益。从长远看，经济增长与环境规制能够在协调均衡中实现双赢。

自波特假说提出至今，围绕着经济增长与环境规制之间的关系，无论是理论分析还是实证研究，国内外学者都存在较大的分歧。实际上，两派学者之所以会得出截然不同的结论，在很大程度上与其背后的模型基础、理论依据和运行机理等不同有关。在模型设计上，波特假说支持者以利润最大化为基础，因此生产者的最终目的在于获取最大经济利润，而不在于中间环节的静态成本控制。新古典经济理论学者则以成本最小化为基础，认为严格的环境规制直接使厂商环境治理费用提高，且生产投入成本的增加并不一定能为执行环境规制的收益所弥补。在理论依据和运行机理上，波特假说支持者认为生产者处于动态竞争中，生产条件与技术水平都处于不断变化之中，且生产者处于技术、产品和顾客需求等不完全信息的环境中，再加上公司内部组织失灵使其缺乏足够的创新动力。因此需要规制来充当刺激厂商创新的媒介，通过严格且适当的环境规制，刺激生产者改变现有的生产经营方式、提高生产效率和科技水平，从而使单位产品利润增加、生产成本相对下降，最终获得竞争优势，带动整个国家经济增长和总体科技水平的提升。新古典经济理论则认为，在有效的市场经济条件下，信息是完全的，整个生产者所面临的总体需求水平是保持不变的，且生产者的产量和技术水平也是固定的。因此，严格的环境规制会导致外部成本内部化，进而致使生产成本增加，竞争力减弱和经济增长放缓。在政策建议上，波特假说支持者认为不能无视环境规制的积极作用，应该以适当的环保标准和严格的执行来达成产业目标。新古典经济理论学者则认为，应该以务实、清醒的头脑对待环境规制与经济增长之间的关系，而脱离经济现实的环境规制只会阻碍经济增长。

（四）产业组织理论

产业组织理论研究市场在不完全竞争条件下的企业行为和市场构造。产业组织理论的研究对象就是产业组织，旨在解决产业内企业的规模经济效应与企业之间的竞争活力的冲突。本节在分析现代产业组织理论的核心分析工具——R-SCP分析框架的基础上，进一步分析环境规制对产业结构的影响。

1. R-SCP分析框架

Bain提出的结构—行为—绩效（Structure Conduct Performance，S-C-P）分析范式作为现代产业组织理论的核心内容和

重要分析工具，在相关研究中获得了广泛应用。市场结构是企业
间相互关系的表现形式，具体影响因素包括市场集中度、进入与
退出壁垒以及产品差别化等，各因素呈现相互影响的动态关系，
进而影响市场最终形态；市场行为是指企业为获得或实现一定的
经济效益而采取的行动，以实现利润最大化为目标，具体包括定
价行为、产品差异化行为以及策略性行为等（赵红，2007b）；市
场绩效是指企业在某市场结构下，通过采取一定市场行为而获得
的经济、社会等效益，以技术进步、生产效率、环境绩效等作为
衡量标准。市场结构、行为与绩效三者之间存在着复杂的交互作
用，环境规制（R）的引入使得三者间相互关系分析更加全面
性、复杂化（如图3-2所示）。

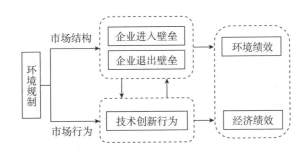

图3-2 R-SCP分析框架

2. 环境规制与产业结构

当环境规制 R 被引入 S-C-P 分析框架时，环境规制成为产
业组织状态的核心要素。规制实施主体能够根据当前经济和产业
的现实情况，以企业行为和绩效为基础，对不同产业结构进行选
择，并通过直接和间接两种途径推进产业结构的调整与优化。如
图3-3所示，一方面，环境规制政策的实施会提高企业的进入
和退出门槛，进而对产业结构调整产生直接影响；另一方面，合

理的环境规制通过增加企业成本对其产生内在激励，推进企业采取优化资源配置、技术创新等行为，充分发挥创新补偿的作用，提高企业生产效率与竞争水平，实现企业优胜劣汰的过程，进而促进产业结构的调整与优化，推进经济发展效率与绿色理念相结合，实现经济绿色增长。

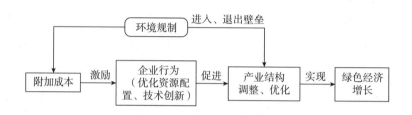

图 3 - 3 基于 R - SCP 分析框架的环境规制对产业结构的影响

要使环境规制对产业结构产生积极影响，需要具备以下原则：一是适度原则。适度环境规制使企业能够凭借有利条件，借助市场力量通过优化资源配置、科技创新等途径推进产业结构调整、升级，充分发挥良好的驱动效果。由于企业生产成本承受能力的限制，盲目降低或提高规制强度，会导致企业的过度淘汰，对产业结构产生损害，威胁经济健康发展。二是因"企"制宜原则。环境规制具有明显异质性特点，同一环境规制政策在不同地区、针对不同产业发挥作用的程度与效果存在差别，对产业结构的影响也有所不同。三是正式与非正式环境规制相结合原则。通过正式环境规制对企业实施环境约束时，具有较低边际治污成本的企业能够发挥绿色发展优势，而边际治污成本较高的企业由于较低的成本上涨承受能力而逐渐退出市场，实现淘汰落后、过剩产能的目的；非正式环境规制通过提高产业环保意识实现对产业结构调整的促进作用。

二、环境规制与绿色经济增长的理论模型

本节使用索洛模型对衡量经济增长的全要素生产率进行测度，定义 l 为劳动投入、k 为资本、y 为GDP，设定生产函数为：

$$Y(t) = F[A(t)，K(t)，L(t)，t] \tag{3-1}$$

且模型符合以下条件：

$$f'_K(\cdot) > 0，f'_L(\cdot) > 0，f''_K(\cdot) < 0，f''_L(\cdot) < 0 \tag{3-2}$$

为估算投入要素随着时间变化的产出弹性系数，以 C – D 形式将索洛模型表示为：

$$y^t = A^t(l^t)^\alpha(k^t)^\beta \tag{3-3}$$

但式（3-3）忽略了能源环境因素和生产技术的无效率（王兵和刘光天，2015）。因此，在此模型的基础上，参考 Brock 和 Taylor（2005）的研究，将能源因素和环境治理成本纳入模型，定义 e 为能源消费、c 为环境治理成本，重新设定生产函数为：

$$Y(t) = F[A(t)，K(t)，L(t)，E(t)，C(t)，t] \tag{3-4}$$

假定环境治理成本直接影响总产出，定义 A、θ 分别为技术进步、效率因子，且 $0 < \theta < 1$，式（3-3）可重新表示为：

$$y^t - c^t = (A^t\theta^t)[(l^t)^\alpha(k^t)^\beta(e^t)^\gamma] \tag{3-5}$$

在式（3-5）中，环境治理的部分成本由环境规制引起。环境规制不仅直接作用于碳排放，而且可能通过产业结构、能源消费结构和低碳技术创新等路径作用于经济效率的变动（徐盈之等，2015）。本书借鉴 Stefanski（2009）的研究思路，假设经济中有农业（L）、工业（M）和服务业（N）三个部门，各部门的

碳排放和总的碳排放与产出正相关，进一步地，构建绿色索洛模型如下：

$$y^t - c^t = (A^t \theta^t) \left[(l^t)^\alpha (k_L^t)^{\beta 1} (k_M^t)^{\beta 2} (k_N^t)^{\beta 3} (e^t)^\gamma \right] \qquad (3-6)$$

其中，α、β、γ 分别指劳动、资本和能源对产出增长的弹性系数，且 α，β，$\gamma > 0$；$c^t = \sum_{b=1}^{B} mac_b^t n_b^t$，其中，$mac$、$b$、$n$ 分别为边际减排成本污染物、污染物种类（工业二氧化硫去除率、工业烟（粉）尘去除率、工业废水排放达标率、工业固体废物综合利用率）和污染物排放量。从式（3-6）可以看出，能源消耗和污染排放的增加将会影响产出。当 $\theta = 1$ 时，生产技术处于有效率状态；但在现实生产过程中，交易成本等因素的存在使 $0 < \theta < 1$，产生效率损失，进而引致产出损失；在极端情形下，生产技术完全无效率，产出为 0。而在本书中，假定生产技术有效率，且产出不受能耗和污染物排放的影响，即 $\theta = 1$。因此，将式（3-6）转化为索洛模型的传统形式，即

$$(A^t \theta^t) = (y^t - c^t) / \left[(l^t)^\alpha (k_L^t)^{\beta 1} (k_M^t)^{\beta 2} (k_N^t)^{\beta 3} (e^t)^\gamma \right] \qquad (3-7)$$

将式（3-7）两边同时取对数，进而推导得到绿色经济效率的测算公式如下：

$$\frac{\Delta A}{A} + \frac{\Delta \theta}{\theta} = \frac{\Delta(y-c)}{y-c} - \alpha \frac{\Delta l}{l} - (\beta 1 + \beta 2 + \beta 3) \frac{\Delta k}{k} - \gamma \frac{\Delta e}{e} \qquad (3-8)$$

由理论模型分析可知，技术创新和产业结构优化对绿色经济效率产生影响。

综上所述，基于对新古典经济增长理论的分析可以发现，贯穿生产实践整个过程的各个投入要素和产出要素均会对绿色生产率的增长产生作用和影响。在既定条件下，各种要素的调整主要通过效率改善、技术进步和结构调整来实现，从而促进资源环境保护和经济增长的双赢。

三、本章小结

本章通过环境规制理论、经济增长理论、技术创新理论以及产业组织理论分析了环境规制对绿色经济增长影响的相关理论基础。环境规制理论主要是通过对环境经济的稀缺性、外部性和公共物品理论的分析来说明环境规制在解决"市场失灵"问题上的必要性和重要性。经济增长理论从古典经济增长理论、新古典经济增长理论、内生经济增长理论以及制度经济学理论的演变过程分析了不同研究阶段推动经济增长的动力,并开始关注效率、技术、制度、结构等因素对经济增长的影响。波特假说理论深入分析了环境规制与技术创新之间的关系;产业组织 R – SCP 分析范式分析了环境规制对产业结构、行为、绩效的影响,以及环境规制推动产业结构优化的作用机制。在环境规制与绿色经济增长的相关理论分析的基础上,在新古典经济增长理论的基础上构建绿色索洛模型,着重分析效率、技术、结构因素对绿色经济增长的影响。本章从环境规制、经济增长、技术创新、产业结构视角的理论分析和理论建模为后续章节的作用机制分析和实证检验提供了理论基础。

第四章

环境规制与绿色经济增长的作用机制

　　由环境规制与绿色经济增长的理论分析可知，环境规制对绿色经济增长的影响通过多种机制综合作用。那么环境规制对绿色经济增长的影响如何？促进绿色经济增长的环境规制怎样？因此，分析环境规制对绿色经济增长的作用机制十分必要。

　　本章在借鉴国内外学术成果和绿色经济增长的理论模型的基础上，从与绿色经济增长关系最为密切的因素出发，进一步分别从绿色经济效率、绿色技术创新和产业结构优化三个视角分析环境规制影响绿色经济增长的作用机制。从图 4 - 1 可以看出，环境规制分别通过生产效率、绿色技术和产业结构三个角度作用于绿色经济增长。具体来说：一是环境规制—绿色经济效率—绿色经济增长。环境规制通过提升绿色经济效率，以最小的要素投入实现最大期望产出和最小非期望产出，实现生产的产出效应最大化，共同实现经济增长和环境改善的目标，推动绿色经济增长。二是环境规制—绿色技术创新—绿色经济增长。环境规制通过自主创新和技术引进来实现绿色技术创新效率的提升，促进绿色技术转化为经济增长和环境改善的内生动力，从而实现绿色经济增长的目标。三是环境规制—产业结构优化—绿色经济增长。环境规制通过降低产业生产成本和提升产业技术创新实现产业结构优

化，以结构效应助推经济增长，改善环境质量，进一步推动绿色
经济增长。

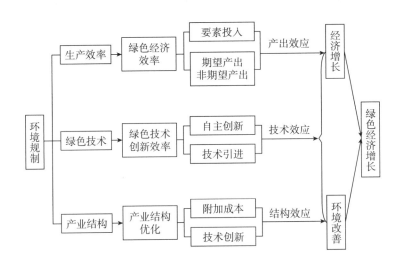

图4-1　环境规制影响绿色经济增长的作用机制

一、基于绿色经济效率视角的作用机制分析

通过上文的理论模型分析可知，绿色经济效率是衡量绿色经济增长的重要指标。环境规制对绿色经济增长的直接作用机制主要有四种解释（如图4-2所示）：一是倒逼减排效应。政府通过采取一系列环境规制工具，如关停部分高能耗、高污染企业的行政型环境规制，或者征收税费、实行补贴、配额等市场型环境规制对一些企业存在的高能耗、高污染的生产行为进行了治理，倒

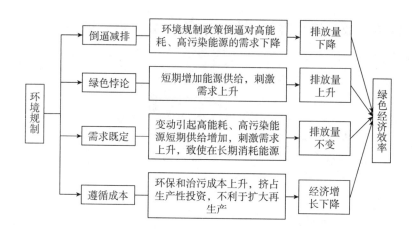

图 4 - 2　环境规制对绿色经济效率的作用机制

逼企业降低对高能耗、高污染的能源的需求，从而实现减排。环境规制政策的实施在减少环境污染、抑制碳排放、提高绿色经济效率方面起到了促进作用。二是绿色悖论效应。Sinn（2008）提出的绿色悖论理论认为，在日益严格的规制政策预期下，化石能源供给者会加快开采与销售能源，供给的增加势必降低当前的能源价格，进而在短期内提升能源需求，从而加快能源耗竭，最终导致碳排放的上升。三是需求既定效应。由于生产规模和成本的限制，在短期内，企业对化石能源的需求是既定的，当期的能源消耗不会因为能源价格的下降而增加。因而，长期来看，环境规制的实施并未起到减排作用。四是遵循成本效应。环境规制的实施致使企业的环境成本增加，从而挤占了其他的生产性投资，不利于企业的再生产与扩大再生产，减少企业利润，对经济增长造成不利影响，在一定程度上抑制了绿色经济效率的提升。

综上所述，环境规制可能通过倒逼减排效应、绿色悖论效应、需求既定效应、遵循成本效应对污染排放与经济增长产生不同的影响，进而作用于绿色经济效率（如图 4 - 2 所示）。绿色经济效率是衡量绿色经济增长的重要指标，同时也阐释了环境规制对绿色经济增长的作用机制。

二、基于绿色技术创新视角的作用机制分析

环境规制通过绿色技术创新对绿色经济增长起作用，而环境规制对绿色技术创新的作用机制有两种（如图 4 - 3 所示）：一是创新补偿效应。环境规制的实施激发企业进行生产和环保技术创新、升级，能够部分或者全部抵消企业因环境规制的实施而引致的环境成本，从而提高了企业的生产率，促进绿色经济增长。二是遵循成本效应。环境规制提高了企业的污染治理成本，这可能挤占企业的研发投入，进而不利于环保技术的创新和环境治理的改善，长期来看对绿色经济增长产生不利影响。综上所述，由于环境规制对绿色技术创新具有正负两方面的影响，而技术对经济增长具有促进作用已经得到学术界的一致认同。由此可见，从绿色技术创新的传导机制来看，环境规制对绿色经济增长的影响是不确定的。

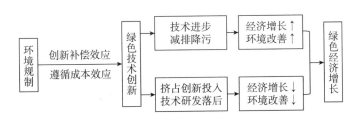

图 4 - 3　环境规制对绿色技术创新效率的作用机制

三、基于产业结构优化视角的作用机制分析

产业结构优化对于经济持续增长具有重要意义。一方面，产业结构调整是为了实现已有产业结构向最优产业结构转变，优化资源配置，有助于粗放型增长方式转变，促进经济持续、健康增长；另一方面，产业结构调整有助于产业结构优化升级。产业由低级向高级变迁有助于提高产业的附加值，提高单位要素投入所产生的利润，从而有助于资本的积累，促进经济增长。因此，有必要通过产业结构深度剖析环境规制—产业结构优化—绿色经济增长之间的作用机制。

环境规制对产业结构的影响可通过两种途径来实现（如图4-4所示）：一是产业自身调整。环境规制有助于高污染产业的调整与优化升级。强度较高的环境规制通过施加更为严格的环境标准使污染密集型产业面临高昂的环境成本，改变要素的投入、产出比，从而显著抑制污染密集型产业的发展，倒逼高污染企业进行节能减排，促进产业优化升级，向环保产业、低碳循环产业等低污染或无污染产业的转化，实现高污染企业的清洁化。而由于服务业是清洁型产业，所受环境规制所引致的高昂环境成本的冲击较小，因此，环境规制有利于服务业的发展，从而实现产业间和产业内部的资源优化配置，推动了产业结构的高级化。因此，环境规制可以倒逼产业结构升级进而影响绿色经济增长。二是产业退出机制。环境规制的实施与环境规制强度的提高有助于推动一些不符合环境规制标准的产业退出市场，增加产业的附加

价值，实现产业结构高级化。因此，环境规制有利于产业结构的调整与优化升级。但同时也应把握好环境规制强度，防止遵循成本效应过高而导致生产率的下降，推动环境保护与经济增长协调发展。总而言之，通过实施环境规制有助于产业结构的优化升级，进而促进产业实现绿色转型，推动绿色经济增长。

图 4 - 4　环境规制对产业结构优化的作用机制

四、本章小结

　　本章基于环境规制理论、经济增长理论、技术创新理论以及产业组织理论，在经济增长的索洛模型中加入非期望产出因素，构建绿色增长索洛模型，分析了环境规制对绿色经济增长受到效率、技术创新以及产业结构的影响。在理论模型的基础上，进一步通过分析环境规制对绿色经济增长的作用机制，发现环境规制主要通过绿色经济效率、绿色技术创新和产业结构优化三个视角来实现绿色经济增长。本章的分析为全书的研究提供了理论分析框架，同时为实证研究的设计提供了理论支持。

第五章

环境规制与绿色经济的发展现状分析

第四章的理论分析为环境规制与绿色经济增长研究提供了理论基础。在实证检验环境规制与绿色经济增长之间的关系之前，需要了解中国环境规制与绿色经济发展的现状。本章旨在分析中国环境规制与绿色经济的发展现状。首先，分析环境规制的发展历程、政策工具类型与环境规制的实施效果；其次，构建绿色经济效率的测度模型，从时间和空间视角分别分析绿色经济效率的演变特征。

一、环境规制的发展历程与实施效果

随着资源和环境问题的日益复杂，政府部门制定的环境规制工具也在不断发展。不同类型的环境规制工具对污染企业用于减少污染排放的成本以及进行清洁技术创新的激励不同。因此，分析环境规制的发展演进过程，了解不同环境规制工具的特征、实

施效果以及在执行过程中存在的优劣势，对环境规制与绿色经济
增长研究具有重要作用。本节将对我国的环境规制发展阶段、政
策工具类型以及环境规制的实施效果进行分析。

（一）环境规制的发展阶段

依据中国环境规制的发展历程，将其划分为四个阶段。如表
5-1 所示，在 20 世纪 30 年代以前，中国环境规制发展处于萌
芽阶段；30~70 年代，是中国环境规制发展的探索阶段；七八
十年代，环境规制逐步完善；90 年代，是环境规制的创新发展
阶段。

表 5-1　中国环境规制的发展历程

阶段分类	时间	发展内容
萌芽阶段	20 世纪 30 年代以前	不自觉的环境意识 不稳定的环境律令
探索阶段	20 世纪 30 年代	不自觉的环境意识 零散的法律、政令
完善阶段	20 世纪七八十年代	初步建立环境法律体系 单一环境管理和执法机构 单一的行政命令规制
创新阶段	20 世纪 90 年代至今	健全的环境法律体系 多部门、多层级监管主体 行政命令、市场工具、自愿工具和非正式规制相互补充

中国环境规制的思想可以追溯到远古时期，这种思想常常是
在生产生活中不自觉地产生的。早在西周时期，政府颁布的《伐
崇令》中就明确规定："毋坏屋，毋填井，毋伐树木，毋动六畜，
有不如令者，死无赦"。从中可以看出，先秦时期我国就制定了

极为严厉的保护水源、植被和动物的法令。近代以来，随着我国工业化进程的加快，环境问题也变得更加突出，不自觉的环境意识已无法适应时代的需要，因此，一些环保思想开始被法律和制度所明晰。

自 20 世纪 30 年代以来，我国环境规制进入了一个渐进式的探索阶段。环境规制的强度从宽松到严厉，规制的手段从单一的命令控制型到以市场为基础、多种方式并存的模式，规制的职能部门由单部门到多部门协作。

七八十年代以来，中国环境规制进入逐步完善阶段。中国初步建立了比较完整的环境规制体系，不仅建立、健全了相关法律法规，还组建了从中央到地方的环境管理和执法部门。1972 年，中国出席了联合国人类环境会议，并在 1973 年第一次全国环保会议上通过了"全面规划、合理布局、综合利用、化害为利、依靠群众、大家动手、保护环境、造福人民"的 32 字方针和新中国第一个环保文件——《关于保护和改善环境的若干规定》。1983 年第二次全国环保会议，提出了为人熟知的"三大环保政策"（预防为主、防治结合；谁污染、谁治理；强化环境管理），保护环境被确立为我国的一项基本国策。在立法上，1979 年颁布环保法律——《环境保护法（试行）》，并在 20 世纪 80 年代相继出台了海洋、大气和水环境的相关环保专项法等法律，法律体系初步建立。在环境管理和执法部门上，从最初的环境保护办公室上升为国家环保局，并在各级地方政府设立环境管理部门。

90 年代以来，中国的环境规制进入创新发展阶段。随着资源和环境问题变得日趋严峻，而原有的环境规制手段的弊端不断暴露，单纯地通过政府自上而下的环保政策的推动无法达到预期的环境效果，这让人们意识到社会大众、舆论媒体等社会主体发挥着不可替代的作用。在环保立法不断向新领域延伸的同时，环境监管的权威不断提高，国家环保局被升级为环保部，同时设立国土资源部，全面负责自然资源的规划和保护工作。在原有的环境规制工具外，可交易许可证、排污费、税收优惠和环保补贴等市场化工具以及信息披露、环境认证等自愿参与型工具所发挥的作用越来越大，并逐渐形成行政型、市场型和自愿参与型工具相互补充的格局。

（二）环境规制的政策工具

对于环境规制工具，不同学者有不同的分类。Bemelmans - Vindec 等（1998）将环境规制工具分为经济激励型、法律工具和信息工具。Lundqvist（2010）从组织、法律、物质、经济和信息5 个角度对环境规制工具进行分类。Word Bank（1997）将环境规制工具分为利用市场、创建市场、直接的环境规制和公众参与的环境规制。马士国（2009）将环境规制工具分为命令—控制型环境规制工具、基本类型的市场化环境规制工具和衍生型的市场化环境规制工具。赵玉民等（2009）将环境规制分为正式环境规制和非正式环境规制。其中，正式环境规制也叫显性环境规制，由命令型、市场型和自愿参与型环境规制工具构成；非正式环境规制也叫隐性环境规制，可分为直接和间接模式两种类型。赵玉民等（2009）的环境规制工具分类方法受到较多学者的认同。本书在此基础上，综合金碚（2009）和张菡（2014）的研究，依据环境规制的特征，将其分为正式环境规制和非正式环境规制两大类。本节展示了环境规制不同工具的具体含义、类型特点，进一步对其优劣势进行比较。从表 5-2 可以看出，正式环境规制工具可以分为行政型环境规制、市场型环境规制和自愿参与型环境规制。

表 5 – 2　环境规制的分类及比较

规制类型		具体含义	类型特点	优势及劣势
正式环境规制	行政型	政府通过立法或制定规章制度以满足环境规制实施的目标和标准，并以行政命令强制要求企业遵守，对于违反标准的企业进行处罚	具有强制性特征	优势：强制性法律政策应用范围广，是世界各国尤其是发展中国家的主要规制政策 劣势：企业用于控制污染的成本远远大于降低产量的成本，从而使产品价格较高；不同水平的企业执行相同的标准，不利于高新技术企业进行技术创新
	市场型	借用市场机制的作用激励企业在追求企业利润最大化的过程中选择有利于控制环境污染的决策	具有市场性特征	优势：以更低费用来达到相同的环境规制目标，刺激企业积极创新减少污染排放的技术，降低环境污染控制成本，以获得更高的利润 劣势：缺乏对污染治理以及技术进步的长期有效激励
	自愿型	企业和居民自由参与的旨在节约资源和保护环境的承诺或行动	不具有强制性特征	优势：降低了环境规制制定者的监督成本，自愿参与的方式极大地调动了排污者的减排积极性 劣势：由于不具有强制性，可实施性较弱，应用范围缺乏广泛性
非正式环境规制	直接模式	通过对个体或组织行为直接的指引、调整和规范来实现环保；个体行为受环保意识的影响	具有个体性、直接性的特征	优势：运行成本较低，改善效果直接且明显，对保护环境具有根本性作用 劣势：主要借助反思和学习教育，投入时间长，难度和复杂程度更高
	间接模式	通过具有强烈环保意识人们的集体行为，如抗议、协商或组织行为来实现环保；以环保非政府组织为主的组织行为模式	具有集体性、组织性的特征	优势：规制成本较显性环境规制更低，同时又具有一定的讨价还价能力，社会影响力和号召力增强 劣势：资金约束，专业化程度差异大，影响难以准确估计

资料来源：根据金碚（2009）、赵玉民等（2009）和张蒽（2014）的研究整理而得。

1. 行政型环境规制工具

也叫命令—控制型环境规制工具，是指政府通过立法或制定行政部门的规章、制度来满足环境规制的目标和标准，并以行政命令的方式强制要求企业遵守，对于违反相应标准的企业进行监督和处罚（王文普，2012）。这类环境规制具有强制性，污染企业只能按照规章制度遵守，否则就会受到法律制裁或是行政处罚。此类代表性的环境规制工具有环境标准、技术标准、基于环境标准的排放标准和建设项目三同时制度等。20世纪80年代后，虽然行政型环境规制仍是世界各国尤其是发展中国家的主要政策，但在某些情况下，为了达到减排目标，大多数企业通过减少产量来降低成本，而企业用于控制污染的成本远远大于降低产量的成本，从而使产品价格较高。加之，不同发展水平的企业面临相同的减排标准，企业采用高科技的清洁技术不能获得直接的经济效益，企业缺乏进行技术创新的动力激励（江珂，2009）。因而，由行政型环境规制导致的高成本、低效率受到了广泛批评，而基于市场激励的环境规制和自愿参与型环境规制开始受到世界各国的广泛重视。

2. 市场型环境规制

也叫经济激励型环境规制，是指政府部门利用价格和费用等市场化手段，通过激励企业绿色技术创新来降低环境污染水平。市场型环境规制的主要特点是市场性，包括排污费制度、可交易许可证和政府补贴等方式。中国常见的经济激励型环境规制手段主要有环境税费、排污费、补贴、押金返还制度和可交易许可证等（刘伟等，2017）。基于市场激励的环境规制灵活性较强，使经济主体获得一定的选择权和采取行动的自由，对企业采用廉价和较好的污染控制技术具有较大的经济激励效应（赵玉民等2009）。但在市场体系不健全时，如排污权定价问题、排污费的费率制定问题致使市场型环境规制工具无法有效地发挥作用；此外，经济主体对市场型环境规制工具的反映存在时滞性。

3. 自愿型环境规制

也叫自愿意识型环境规制或自愿参与型环境规制，是指企业和居民自由参与的旨在节约资源和保护环境的承诺或行动。自愿参与型环境规制主要采取自愿的方式，通常不具有强制性，以企业环保意识为主要表现形式，同时受到经济利益和企业管理者意识等的制约和影响。该环境规制工具避免了行政型和市场型环境规制的政策强制性执行的缺点，降低了规制者的监督成本，调动了排污者的积极性，因而受到了发达国家和发展中国家的重视。自愿参与型环境规制主要有信息披露制度和参与制两种方式，两者之间是密不可分的（彭星和李斌，2016）。具体来说，环境信息披露制度是指规制者根据一定的规则，向社会公众公开政府环境信息和企业环境信息，通过市场、立法执法体系以及环境保护机构、监督机构等相关利益集团来对污染企业或环境规制机构施加压力，以达到降低环境污染的目标（刘伟明，2014）。环境信息披露包括环境标签、信息公开计划或项目、环境认证等。参与制度就是引导各利益集团参与环境规制政策的实施过程，该过程包括环境规制的制定、执行与监督，从而使规制机构的负担减轻，以提高规制效率。参与制度主要有自愿环境协议和公众参与制等。

4. 非正式环境规制

非正式环境规制也叫隐性环境规制，是以环保主义者以及一般社会公众主导的环境规制。非正式环境规制是指由于民众的环保思想、环保态度或环保认知的改变，从而通过个体或社会组织发挥对环境的监督管理作用。它包括了具有强烈环保意识的民众对于环境问题的集体抗议行为以及建立具有监督功能的社会组织来实现环境问题的改善。非正式环境规制的参与范围更广，环境改善效果也更为直接，且对于环境保护的意义更加深刻（赵玉民等，2009）。因此，相对于政府主导的正式环境规制而言，来自民众监督以及社会舆论压力的非正式环境规制逐渐受到了学者的关注。非正式环境规制在某种程度上弥补了正式环境规制无法对中小企业进行全面监管的不足，对工业污染减排以及产业结构升级均具有积极影响（崔立志和常继发，2018）。

（三）环境规制的实施效果

随着我国工业化的快速推进和经济粗放式发展，大气污染、水污染和固体废弃物污染等环境污染日益加重，生态矛盾更加突出，政府、企业、公众对环境问题关注度和重视程度也急剧提高。从图 5-1 可以看出，自 2003 年以来，无论是在环境治理投资总额、城市环境基础设施建设投资还是建设项目"三同时"环保投资上，总体上都呈现出快速上升的趋势。其中，环境治理投资总额增长势头最为迅猛，这也间接地表明了环境治理的紧迫性；城市环境基础设施建设投资的攀升，在一定程度上反映了人们对城市居住环境要求的提高；"三同时"环保投资的上升，从侧面也反映出环境规制强度的不断提高。

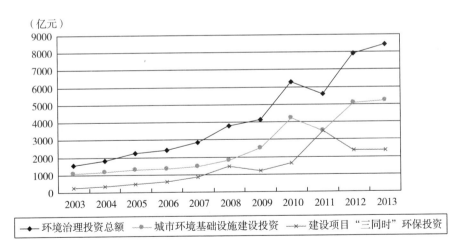

图 5-1　中国环境投资发展情况

在不断完善的法律体系下，多部门、多层级的监管主体通过灵活运用行政命令、市场工具和自愿工具，使环境恶化的势头得到一定程度的控制。随着转变经济发展方式的步伐加快，产业结构调整速度不断加快，节能减排取得了阶段性成果。"三废"排放量等污染物增长放缓，污染物总量开始下降。这对于调和经济增长与环境保护的矛盾，落实经济、政治、文化、社会、生态"五位一体"的总体布局具有非常重要的意义。

下面从不同的环境污染形态对环境规制的实施效果进行评析。从图5-2可以看出，2003~2010年，我国工业废气排放量呈现出一个较快的增长势头，尤其是在2008年国际金融危机爆发以后，在稳增长的压力和四万亿投资的刺激下，工业废气排放量增长速度明显提升。随着我国更加严厉的环境规制政策的实施以及公众对雾霾等空气污染问题的广泛关注，工业废气排放得到了一定程度的控制。尤其是新的生产工艺和脱硫技术的应用，使我国二氧化硫排放总量较早地呈现出下降趋势。由此，一方面，虽然我国废气排放强度得到了控制，但巨大的排放总量使我国未来的减排任务仍然面临着巨大的压力；另一方面，二氧化硫总量的减少也可以看出我国大气污染防治行动取得了一定的成效。

从图5-3可以看出，工业废水排放量呈现出先上升后下降的倒U形趋势，原因在于国家对工业污染的治理力度进一步加大，重点生态功能区环境保护和污染企业整治成效显著，尤其是化工、冶金、造纸、印染等高水污染行业实现了"控源减排"，点污染治理成效显著。但是，以输油管道、污水沟道、交通干线等分布为特点的线状污染源以及农药、化肥等污染物所造成的面污染源，正日益成为危害极大、难以监测、覆盖范围广的新型污染途径，必须引起高度重视，采取更加科学有效的行动。

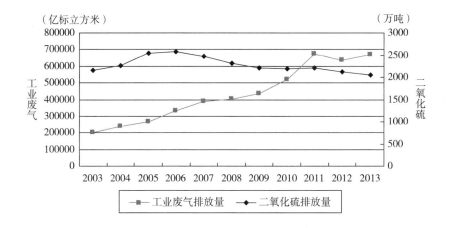

图 5 – 2　我国工业废气和二氧化硫排放量变化情况

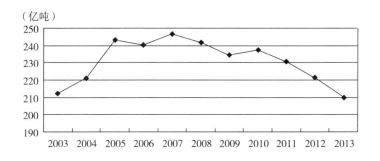

图 5 – 3　我国工业废水排放量变化情况

从图 5 – 4 可以看出，21 世纪初我国工业固体废弃物产生量增长快速，2011 年以来则表现出阶段性稳定的状态，固体废弃物的环境规制效果开始显现。但工业固体废弃物绝对数量仍然很大。因此，未来在减少固体废弃物产生、提高综合利用率、优化处理方式上仍需增强投入力度，做到减量化、资源化和无害化处理。总体而言，我国环境规制的实施虽然取得了一定成绩，但也面临着巨大压力。

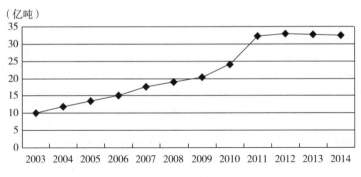

（亿吨）

图 5 - 4　我国工业固体废弃物产生量变化情况

　　为了更加直观地反映更加严格的环境规制对经济增长的影响，本书使用实际 GDP 增长（以 1997 年为基期，并用 CPI 指数进行平减）和资本存量作为经济效果的指标来度量环境规制的经济效果。从图 5 - 5 可以看出，自 2003 年以来，我国实际 GDP 一直保持着快速增长的势头，虽然 2008 年金融危机对中国造成了较大的冲击，以及中国经济开始步入"新常态"，但总体上仍然保持着中高速的增长势头，绝对增量仍然不容小觑。同时，工业废气排放量增长速度自 2011 年后趋于平缓，符合相对脱钩的特征，即根据脱钩理论，在经济快速发展的同时，资源利用和环境压力增加相对较少，经济发展与环境压力的相对距离开始拉大但程度较弱，反映出更加严格的环境规制在控制工业废气排放与保持经济增长上取得了一定成效，但也存在规制效果仍然较弱的特点，规制手段和方法仍需进一步完善。

　　此外，从图 5 - 6 可以看出，在我国大力推进工业脱硫减排的背景下，工业废气排放构成结构发生了重大变化，直观而言，自 2007 年以来，二氧化硫与资本存量呈现出绝对脱钩的特征，并开始呈现一种负相关。总之，更严格的环境规制与经济增长的关系并非简单的正负关系，具有复杂性，需要后文进一步实证得出结论。

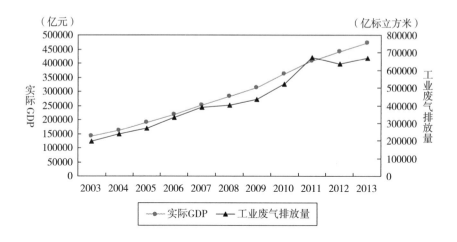

图 5 – 5　实际 GDP 增长情况和工业废气排放量

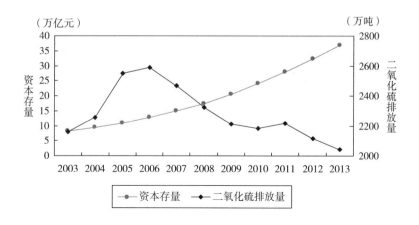

图 5 – 6　资本存量增长情况和二氧化硫排放量

　　总体来说，我国环境机构和环境立法及环境规制工具类型不断完善。我国现阶段执行的环境评价制度、建设项目"三同时"制度等行政型环境规制工具得到了较好的执行，配伍收费制度和排污交易许可证制度等市场型环境规制工具的影响范围逐渐扩大，效果日益显现，工业"三废"排放量等污染物增长放缓，污染物总量开始下降。非正式环境规制逐渐兴起，企业和公众参与环境保护的意识不断增强，单位工业排放污染强度逐年下降，从2003年的14.74下降到2013年的4.75，单位产值的"三废"排放量大幅下降（刘伟等，2017）。不同类型的环境规制工具共同发挥作用，使我国的环境治理效果不断显现。但是，从上文的环境规制的实施成效可以看出，我国的环境污染减排道路仍然面临挑战，减排压力巨大。因此，有必要探究如何充分发挥环境规制的减排效应，促进绿色经济可持续增长。

二、绿色经济增长测度及演变趋势

绿色经济考虑资源环境约束下的经济增长，准确测度绿色经济发展水平是研究的基础。本书利用绿色经济效率来衡量绿色经济增长水平，采用DEA方法来测算衡量国家或地区经济运行的要素配置绩效的综合效率测度指标。

（一）测算模型

本书将每个省（市、区）视为生产决策单元（DMU），假设每个DMU有m种投入$x = (x_1, \cdots, x_m) \in R_+^m$，产生$n$种期望产出$y = (y_1, \cdots, y_n) \in R_+^n$和$k$种非期望产出$b = (b^1, \cdots, b_k) \in R_+^k$，则第$j$个省（市、区）第$t$期的投入和产出值可以表示为$(x^{j,t}, y^{j,t}, b^{j,t})$，则构造出测算绿色经济效率的生产可能性集：

$$P^t(x^t) = \left\{ \begin{array}{l} (y^t, b^t) \mid \overline{x}_{jm}^t \geqslant \sum_{j=1}^{J} \lambda_j^t x_{jm}^t, \overline{y}_{jn}^t \leqslant \sum_{j=1}^{J} \lambda_j^t y_{jn}^t, \\[3mm] \overline{b}_{jk}^t \geqslant \sum_{j=1}^{J} \lambda_j^t b_{jk}^t, \lambda_j^t \geqslant 0, \forall\, m, n, k \end{array} \right\} \quad (5-1)$$

在对经济增长影响的分析中，环境污染等非期望产出常被研究者忽略，而忽视非期望产出的效率测度不能准确地衡量经济绿色发展的水平。因此，在测算绿色经济效率时，如何处理非期望产出的问题成为测度环境要素约束下的生产效率的关键。本书基于 Tone（2003）的研究，将非期望产出纳入模型，构建的超效率 SBM 模型如下：

$$\rho^* = \min \frac{\dfrac{1}{m}\sum_{i=1}^{m}\dfrac{\overline{x}_i}{x_{i0}}}{\dfrac{1}{n+k}\left(\sum_{r=1}^{n}\dfrac{\overline{y}_r}{y_{r0}} + \sum_{l=1}^{k}\dfrac{\overline{b}_l}{b_{l0}}\right)}$$

$$\text{s. t.} \begin{cases} \overline{x} \geqslant \sum\limits_{j=1,\neq 0}^{J} \lambda_j x_j, \\[3mm] \overline{y} \leqslant \sum\limits_{j=1,\neq 0}^{J} \lambda_j y_j, \\[3mm] \overline{b} \leqslant \sum\limits_{j=1,\neq 0}^{J} \lambda_j b_j, \\[3mm] \overline{x} \geqslant x_0, \overline{y} \leqslant y_0, \overline{b} \geqslant b_0, \overline{y} \geqslant 0, \lambda_j \geqslant 0 \end{cases} \quad (5-2)$$

式中，$\overline{x}$、$\overline{y}$、$\overline{b}$ 分别为投入、期望产出和非期望产出的松弛量；λ_j 是权重向量，若其和为 1 表示规模报酬可变（Variable Returns to Scale，VRS），否则表示规模报酬不变（Constant Returns to Scale，CRS）；目标函数 ρ^* 越大表明越有效率。

为了增强决策单元的可比性，探究各地区绿色经济效率的跨期动态变化，Malmquist – Luenberger（ML）指数在研究非期望产出的效率方面得到了广泛应用。然而，传统的 ML 指数在形式上不具备循环性，且在线性规划中无可行解。为了克服这两个缺陷，本节参照 Oh（2010）的做法，构建全域生产可能性集 P^g $(x^t) = p^1(x^1) \cup P^2(x^2) \cup \cdots \cup P^T(x^T)$，即 T 期内，在整个生产集的观测数据中，设置一个单一的贯穿全域的参考生产前沿，则 P^g (x^t) 表示为：

$$P^g(x^t) = \left\{ \begin{array}{l} (y^t, b^t) \mid x_{jm}^t \geqslant \sum_{t=1}^{T} \sum_{j=1}^{J} \lambda_j^t x_{jm}^t, y_{jn}^t \leqslant \sum_{t=1}^{T} \sum_{j=1}^{J} \lambda_j^t y_{jn}^t, \\ b_{jk}^t \geqslant \sum_{t=1}^{T} \sum_{j=1}^{J} \lambda_j^t b_{jk}^t, \lambda_j^t \geqslant 0 \end{array} \right\}$$

$$(5-3)$$

设方向性向量为 $g = (g_y, g_b)$，$g \in R_+^n \times R_+^k$，全域方向性距离函数表示为 $\vec{D}^G(x, y, b; g_y, g_b) = \max\{\beta \mid y + \beta g_y, b - \beta g_b\} \in P^G(x)\}$，则基于 SBM 方向性距离函数的 GML 指数可表示为：

$$GML_t^{t+1}(x^t, y^t, b^t, x^{t+1}, y^{t+1}, b^{t+1}) = \frac{1 + \vec{D}^G(x^t, y^t, b^t; g_y^t, g_b^t)}{1 + \vec{D}^G(x^{t+1}, y^{t+1}, b^{t+1}; g_y^{t+1}, g_b^{t+1})}$$

$$(5-4)$$

参照 Chung 等（1997）的研究，进一步将 GML 分解为技术效率变化和技术变化，分解结果如下：

$$\begin{aligned} GML_t^{t+1} &= \frac{1 + \vec{D}^G(x^t, y^t, b^t; g_y^t, g_b^t)}{1 + \vec{D}^G(x^{t+1}, y^{t+1}, b^{t+1}; g_y^{t+1}, g_b^{t+1})} \\ &\times \frac{[1 + \vec{D}^G(x^t, y^t, b^t; g_y^t, g_b^t)]/[1 + \vec{D}^t(x^t, y^t, b^t; g_y^t, g_b^t)]}{[1 + \vec{D}^G(x^{t+1}, y^{t+1}, b^{t+1}; g_y^{t+1}, g_b^{t+1})]/} \\ &\qquad [1 + \vec{D}^{t+1}(x^{t+1}, y^{t+1}, b^{t+1}; g_y^{t+1}, g_b^{t+1})] \\ &= GEC_t^{t+1} \times GTC_t^{t+1} \end{aligned}$$

$$(5-5)$$

其中，GEC_t^{t+1} 和 GTC_t^{t+1} 大于（小于）1 分别表示从 t 到 $t+1$ 期效率改善（恶化）、技术进步（倒退）。

（二）变量说明

指标的选取直接影响效率值的可靠性。虽然将产出分为期望产出和非期望产出已经成为共识，但是在选择投入、产出变量时也存在一定主观性。主要的问题有：①忽视资源作为投入要素的作用。杨龙和胡晓珍（2010）在计算绿色经济效率时虽然考虑了环境污染，却没有将资源纳入生产投入中。②产出要素过于单一。Fare 等（2005）和涂正革（2008）用二氧化硫作为非期望产出；Kumar（2006）和陈诗一（2009）选择二氧化碳作为非期望产出。将单一的污染物作为非期望产出的替代变量的做法不符合实际，这种方法不能全面地反映非期望产出给经济增长带来的影响。因此，学者大多选取"三废"等具有代表性的污染物来替代非期望产出变量（Managi 和 Kaneko，2006）。王兵等（2008）、庞瑞芝等（2011a；2011b）选择工业二氧化硫和工业废水中化学需氧量。还有一些学者采用综合指数法，袁晓玲等（2009）则运用主成分分析法把工业废水、工业废气、工业烟尘、工业粉尘、工业二氧化硫、工业固体废弃物等指标计算成排放污染指标来作为非期望产出。杨龙和胡晓珍（2010）运用熵权法将 6 种环境污染指标拟合为各地区综合环境污染指数，然后将各地区单位污染产出指标引入绿色经济效率测度模型。

基于以上分析，绿色经济效率是综合考虑生产要素投入、资源消耗和环境代价后的综合经济效率，计算绿色经济效率需要考虑的投入产出变量如表 5 - 3 所示。

表 5 - 3 绿色经济效率测算指标说明

指标类别	指标选取
投入指标	年末就业人数（万人）
	资本存量（亿元）
	能源消费总量（万吨标准煤）
期望产出指标	国内生产总值（亿元）
非期望产出指标	工业废气（亿立方米）
	工业废水（万吨）
	工业固体废弃物（万吨）

1. 投入指标

根据生产函数，基本的生产要素投入有劳动和资本两种。而能源的消耗也是非期望产出的主要来源之一，因此，本书的投入指标有劳动、资本和能源。劳动投入以年末就业人数表示。资本投入用资本存量表示，按照永续盘存法进行测算，并使用分地区固定资产投资价格指数换算为 1997 年不变价，期初的物质资本存量和折旧率参考张军等（2004）给出的 1997 年分省物质资本存量数据和估算的 9.6% 的折旧率。能源消耗数据采用能源消费总量来度量。

2. 产出指标

（1）期望产出指标。期望产出通常被学者称作"好"产出。较为常用的"好"产出有国内生产总值、地区生产总值以及工业增加值等。本书选取国内生产总值，以 1997 年为基期，用各地区居民消费价格指数平减得出。

（2）非期望产出指标。非期望产出通常被学者称作"坏"产出。较为常用的"坏"产出有工业"三废"的排放量（Managi & Kaneko，2004），二氧化硫排放量（杨翔等，2015），化学需氧量 COD（王兵等，2010）以及二氧化碳排放量等（张伟等，2013），为了避免"坏"产出要素过于单一，本书选取工业废气、工业废水及工业固体废弃物作为非期望产出。

（三）数据来源

投入指标和产出指标的数据均来源于 1998 ~ 2014 年《中国统计年鉴》、《中国能源统计年鉴》和《中国环境统计年鉴》。由于重庆是 1997 年被列为直辖市，重庆的统计数据从 1997 年开始统计；西藏地区部分数据缺失严重，故将西藏的数据剔除。鉴于数据的可获得性，本书选取 1997 ~ 2013 年除西藏之外的 30 个省（市、区）为样本来测算中国的绿色经济效率。

（四）绿色经济效率的时空演变特征

为了比较绿色经济效率在各个省级行政区的分布差异，本书计算了 1997 ~ 2013 年 30 个省级行政区样本的绿色经济效率值，各省（市、区）的绿色经济效率值越大表示效率水平越高。当绿色经济效率值大于或等于 1 时，该省（市、区）在全国范围内是相对有效的，而当效率值小于 1 时，表明该省（市、区）绿色经济缺乏效率。

1. 时序变化特征

通过测算发现，CRS 和 VRS 情形下的效率存在一定差异，Asmil 等（2004）认为，CRS 模式比 VRS 模式的差异性更加明显，能够减少系统性偏差出现的情况，因此，本书选取 CRS 模式作为绿色经济效率评价的基础。以 2013 年 30 个省（市、区）的绿色经济效率为例，参考涂正革和谌仁俊（2013）的研究，将绿色经济效率值划分成不同的协调状态类型进行分析①。

由表 5 - 4 可知，除天津外，各个省（市、区）传统的经济效率均高于考虑非期望产出的绿色经济效率，传统经济效率的协调状态要优于绿色经济效率的情况，这表明不考虑资源环境因素的经济效率夸大了我国的经济运行效率，而绿色经济效率的测算是既考虑资源环境的利用、又考虑经济增长的综合经济效率指标，更能够全面、科学地反映我国的经济绩效水平。

进一步比较各个省（市、区）的绿色经济效率，北京、广东、上海、天津的绿色经济效率大于 1，处于完全协调的状态，即该省（市、区）的经济产出与资源利用、环境保护相对处于协调发展水平；江苏、浙江、重庆、江西等 21 个省（市、区）处于不协调状态；而新疆、云南、山西、宁夏和青海则严重不协调。此外，没有省（市、区）的绿色经济效率处于高度和中度协调状态，说明区域绿色经济协调状态出现了两极分化。

图 5 - 7 呈现了 1997 ~ 2013 年全国和分地区的绿色经济效率增长率及其分解因素的累积增长均值的变动情况。第一，在国家层面上，全国 GML 指数呈现继续增长并伴有小幅波动的趋势，1997 ~ 2013 年全国平均 GML 生产率指数为 1.432，年均增长率为 4.32%，累积增长率（1997 年 = 1.00）为 2.07，即 2013 年相对 1997 年提高了 1.07 倍。具体来看，2009 ~ 2010 年全国 GML 累积增长率稳步上升，在 2010 年达到顶峰，之后出现下降趋势，并一直持续到 2012 年才开始缓慢上升。从 GML 指数的因素分解来看，技术进步是 GML 指数增长主要的推动力量，而技术效率变化则抑制了 GML 指数的提升，在研究期内一直处于低位。

---

① 参考涂正革和谌仁俊（2013）的研究，当某区域绿色经济效率值大于等于 1 时为完全协调；绿色经济效率值在 [0.9, 1) 之间为高度协调，在 [0.6, 0.9) 之间为中度协调，在 [0.3, 0.6) 之间为不协调（即低度协调），而在 0.3 以下时为严重不协调。

表 5 - 4　2013 年传统经济效率和绿色经济效率的协调状态

省份	传统经济效率	排名	协调状态	绿色经济效率	排名	协调状态
北京	1.19	1	完全协调	1.16	1	完全协调
广东	1.04	2		1.03	3	
上海	1.03	3		1.02	4	
天津	0.84	4	中度协调	1.06	2	不协调
江苏	0.83	5		0.58	5	
浙江	0.75	6		0.54	6	
重庆	0.71	7		0.51	7	
江西	0.68	8		0.44	10	
福建	0.68	9		0.45	8	
山东	0.64	10		0.45	9	
湖南	0.64	11		0.44	11	
辽宁	0.64	12		0.44	12	
湖北	0.64	13		0.43	15	
安徽	0.63	14		0.41	17	
陕西	0.63	15		0.43	13	
海南	0.61	16		0.42	16	
吉林	0.58	17	不协调	0.40	18	
四川	0.56	18		0.37	20	
黑龙江	0.56	19		0.38	19	
内蒙古	0.56	20		0.43	14	
河北	0.55	21		0.35	21	
广西	0.51	22		0.33	23	
河南	0.51	23		0.33	22	
贵州	0.49	24		0.31	24	
甘肃	0.46	25		0.30	25	
新疆	0.45	26		0.29	26	严重不协调
云南	0.45	27		0.28	27	
山西	0.44	28		0.28	28	
宁夏	0.39	29		0.24	29	
青海	0.32	30		0.20	30	

这解释了 2010 年 GML 累积增长率均值较高的原因主要是由于技术创新的拉动作用，而技术效率的下滑是制约我国绿色经济效率提升的关键因素。这一结果与金春雨和王伟强（2016）的研究结论一致。第二，在区域层面上，三大区域与全国的 GML 累积增长率均值在 1997～2013 年期间的整体波动呈现趋同的态势，在 2000 年以前，3 个区域的 GML 累积增长率均值差异不大，但随后东部地区的 GML 累积增长率均值分别明显优于全国、中部和西部地区的水平，并且差距越来越大。这可能是由于自改革开放以来，东部地区凭借自身的政策、区位及要素优势，用技术创新引领经济发展与环境保护，因此，绿色经济效率变动一直处于全国领先地位。

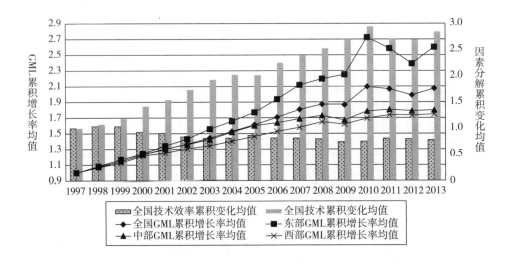

图 5－7　1997～2013 年我国和分地区的 GML 指数及其分解因素的
累积增长均值变化趋势

2. 空间分异特征

为了进一步分析我国不同省（市、区）绿色经济效率的空间分布状况，由2013年各省份GML生产率变动及其分解和空间分布状况可知，第一，处于GML高效率区和较高效率区的省（市、区）主要是东部沿海地区，中部、西部地区大多省（市、区）处于较低效率区和低效率区；第二，从GML指数的贡献来源来看，三大地区主要是由技术变化因素作用，而技术效率低是中部、西部地区绿色经济效率不高的重要原因。从技术变化因素来看，技术变化高效率区、较高效率区主要分布在东部地区和部分中部地区，西部地区大多数省（市、区）和中部个别省（河南、湖北、山西、安徽、江西）处于较低效率区和低效率区。从技术效率变化来看，北京、上海、天津、湖北、江苏、山西、广东、贵州的平均技术效率变动是增长的，安徽保持不变，其他地区均小于1，即技术效率增长率是下降的，这表明技术效率是阻碍绿色经济效率增长的重要原因。

三、本章小结

本章分析了中国环境规制与绿色经济的发展现状。研究发现，中国环境规制发展经历了萌芽阶段、探索阶段、完善阶段和创新阶段。环境规制工具分为正式环境规制和非正式环境规制两大类，行政型和市场型环境规制已经发展得相对成熟，自愿型环境规制和非正式环境规制在保护环境方面的作用日益凸显。在不同环境规制类型工作的作用下，我国环境规制实施的环境效果和经济效果凸显，但环境规制在促进绿色经济增长方面仍面临巨大压力。通过构建绿色经济效率的测度模型，发现各省（市、区）

绿色经济效率低于不考虑非期望产出的传统方法测算的经济效率，区域绿色经济协调状态存在明显的两极分化特征。研究期内全国 GML 累积增长率呈上升趋势，东部地区的绿色经济效率均值和 GML 生产率均值高于中、西部地区，技术进步是 GML 生产率增长的主要原因。本章的环境规制与绿色经济的发展现状分析将为后续章节的实证研究设计做好铺垫。

第六章

环境规制与绿色经济增长：
基于绿色经济效率视角

本章从绿色经济效率视角实证检验环境规制对绿色经济增长的效应。在所测度的绿色经济效率基础上，构建面板模型检验环境规制对绿色经济增长的非线性影响，进一步采用面板门槛模型来探究不同地区、不同类型环境规制对绿色经济效率的门槛效应。

一、环境规制与绿色经济效率的非线性关系研究

（一）实证模型构建

根据已有研究可知，环境规制与绿色经济效率之间的关系比较复杂。由于我国各地区的资源禀赋、经济发展水平、产业结构等存在差异，环境规制和绿色经济效率之间可能存在非线性关

系，若不采用合适的估计模型，则对环境规制与绿色经济效率关系的估计可能有偏。基于以上考虑，本书将环境规制变量的一次项、二次项依次纳入回归方程中，以考察环境规制对绿色经济效率可能存在的非线性特征，并引入相关控制变量，所设定的面板模型分别如下：

$$GEE_{i,t} = c + \alpha_1 RE_{i,t} + \alpha_2 ES_{i,t} + \alpha_3 Urban_{i,t} + \alpha_4 Invest_{i,t} + \\ \alpha_5 Open_{i,t} + \varepsilon_{i,t} \quad (6-1)$$

$$GEE_{i,t} = c + \alpha_1 RE_{i,t} + \alpha_2 (RE_{i,t})^2 + \alpha_3 ES_{i,t} + \alpha_4 Urban_{i,t} + \\ \alpha_5 Invest_{i,t} + \alpha_6 Open_{i,t} + \varepsilon_{i,t} \quad (6-2)$$

（二）变量选取及数据处理

为探讨环境规制与绿色经济效率间的关系，本书由 Super - SBM 方向距离函数计算的绿色经济效率为被解释变量，以环境规制作为核心解释变量，控制变量包括经济结构、城镇化率、投资率以及对外开放程度。指标选取以及数据处理情况如表 6 - 1 所示。

表 6 - 1　变量说明及数据处理

变量性质	变量含义	计算方法	数据来源
被解释变量	绿色经济效率	由 Super - SBM 计算得来	《中国统计年鉴》
核心解释变量	环境规制	由环境规制综合指数计算得来	《中国环境年鉴》
控制变量	经济结构	工业增加值占 GDP 的比重	《中国统计年鉴》
	城镇化率	城镇人口数占总人口数的比重	《中国统计年鉴》
	投资率	当年全社会固定资产投资占 GDP 的比重	《中国统计年鉴》
	贸易开放程度	外商投资企业注册登记投资总额占 GDP 的比重	EPS 数据平台[①]

---

① 来源于 EPS 中国宏观经济数据库（分地区）数据。EPS 数据平台是由全国行业数据资源提供商与数据解决方案提供商北京福卡斯特信息技术有限公司提供，官网为 http：//edp. epsnet. com. cn/about. html。

1. 核心解释变量

学术界关于环境规制的衡量方法存在较大的差异，主要的方法有：

一是从污染治理投入的角度用治污成本来衡量环境规制。主要采用环境治理投入、治污费用支出、污染治理投资总额、污染治理投资完成额、污染治理设备运行成本等来衡量（张成等，2010）。除此之外，治污投资占企业总成本或产值的比重（张先锋等，2014）或人均运行费用等具有可比性的指标也被广泛用来衡量环境规制（Berman & Bui，2001；Lanoie et al.，2008；沈能，2012）。

二是从污染治理的产出角度用污染物排放密度来衡量。通常采用污染物排放量、人均污染排放量、污染排放强度、污染排放的达标率、单位产值污染排放强度等。

三是从环境规制工具的角度采用市场化的污染税率来表示；采用命令—行政型的环境立法、治污执法次数、环境规制执法强度、环境事件立案数等来表示环境规制；采用自愿参与型的污染事件的媒体曝光率（Kathuria，2007）、议会选举的投票率（Goldar & Banerjee，2004）、环境信访监督次数等来表示环境规制的监督。例如，王兵等（2010）用污染物的排污费率来表征环境规制，何枫等（2015）用颁布的有关环境规制法律政策数。

四是从统计方法的角度构建衡量环境规制的综合指数。一方面构建环境规制指标评价体系以测算环境规制效率（徐盈之和杨英超，2015）；另一方面利用熵值法、数据包络法等构建环境规制强度的综合测量体系（傅京燕和李丽莎，2010）。例如，Levinson（1996）用各地区工业"三废"的治理效率计算得到的环境规制综合指数，熊艳（2011）采用"纵横向"拉开档次法并综合运用环境规制的投入产出等各项指标数据测量了环境规制强度指数。

综上所述，为了避免指标单一化，本章基于傅京燕和李丽莎（2010）的研究，采用工业二氧化硫去除率、工业烟（粉）尘去除率、工业废水排放达标率、工业固体废弃物综合利用率4个指标来构建衡量环境规制的综合指数，具体方法如下：

首先，运用极值处理法对各项指标进行标准化，即

$$UE_{ij}^s = \frac{UE_{ij} - \min(UE_j)}{\max(UE_j) - \min(UE_j)} \qquad (6-3)$$

式中，i 指省（市、区）（$i=1,2,\cdots,30$）；j 指各类污染物（$j=1,2,3,4$）；UE_{ij} 是原始值；$\max(UE_{ij})$、$\min(UE_{ij})$ 分别指 i 省（市、区）每年 j 类污染物的最大值和最小值；UE_{ij}^s 是标准化后的值，取值在 $[0,1]$ 之间。

其次，计算各个指标的调整系数，即权重 w_{ij}，计算方法为：

$$w_{ij} = \frac{E_{ij}}{\sum E_{ij}} / \frac{Y_i}{\sum Y_i} \qquad (6-4)$$

式中，w_{ij} 为 i 省（市、区）j 类污染物的权重，E_{ij} 为 i 省（市、区）j 类污染物的排放量，$\sum E_{ij}$ 为全国 j 类污染物的排放总量；Y_i 为 i 省（市、区）的工业增加值，$\sum Y_i$ 为全国工业增加值。计算出各污染物的权重后，再计算研究期间调整系数的平均值 $\overline{w}_{ij}$。

最后，通过各项指标的标准化值和权重得到环境规制强度：

$$FER_i = \frac{1}{4} \sum_{j=1}^4 \overline{w}_{ij} \times UE_{ij}^s \qquad (6-5)$$

工业二氧化硫去除率、工业烟（粉）尘去除率、工业废水排放达标率和工业固体废弃物综合利用率的具体计算方法及数据来源如表6-2所示。

表6-2 环境规制数据处理及来源

类别	计算方法
工业二氧化硫去除率	工业 SO_2 去除率 = SO_2 去除量/SO_2 产生量 = SO_2 去除量/（SO_2 排放量 + SO_2 去除量）
工业烟（粉）尘去除率	工业烟（粉）尘去除率 = 烟（粉）尘去除量/烟（粉）尘产生量 = 烟（粉）尘去除量/（烟（粉）尘排放量 + 烟（粉）尘去除量）
工业废水排放达标率	工业废水排放达标率 = 工业废水排放达标量/工业废水排放总量
工业固体废弃物综合利用率	工业固体废弃物综合利用率 = 工业固体废弃物综合利用量/（工业固体废弃物产生量 + 综合利用往年贮存量）

资料来源：根据傅京燕和李丽莎（2010）的研究整理而得。

2. 其他控制变量

根据已有的研究基础选取的控制变量有：

（1）经济结构（ES）：用工业增加值占 GDP 的比重来表示[1]。工业增加值反映了工业企业的投入、产出及经济效益的情况。本书根据李斌和赵新华（2011）的研究，选取工业增加值与 GDP 的占比来衡量经济结构。相较而言，工业发展占用了大量资源，并面临着日益严峻的环境问题。但近年来，国家经济结构调整优化的力度加强，因此，经济结构对绿色经济效率的影响不确定。

（2）投资水平（Invest）：用当年全社会固定资产投资与 GDP 的比重来表示。建造和购置固定资产的活动对实现经济结构调整、增强经济实力和改善居民生活水平有重要作用，经济增长在很大程度上受到投资活动的拉动；然而，投资活动也伴随资源的

[1] 选用工业产值占 GDP 的比重作为经济结构的替代变量。当然，经济结构有更宽泛的概念。作为控制变量，本书选取的指标在一定程度上能够反映经济结构的构成。

浪费与污染的加剧。因此，投资率越高，绿色经济效率可能越低。

（3）城镇化水平（Urban）：用城镇人口占总人口的比重来表示。城镇化发展在改善地区产业结构、协调城乡发展等方面起到了促进作用，但新的投资和建设可能会造成环境污染加剧，进而对绿色经济效率产生影响。

（4）对外开放度（Open）：用外商投资总额占 GDP 的比重来衡量。外商投资水平的提高，一方面能带来较强的技术溢出效应，有助于提升绿色经济效率；另一方面可能导致"污染天堂"，即污染企业会倾向于在环境标准相对较低的国家建址，导致环境污染加剧，因此，预计对外开放程度对绿色经济效率的影响结果不确定。其中，外商投资总额的单位为亿美元，用每年的人民币兑美元的汇率转换成亿元来计算。

3. 数据来源及说明

综合考虑数据的完整性、研究样本的统计口径以及研究时期等因素，本书选用 1997～2010 年除港澳台及西藏以外的我国 30 个省（市、区）的面板数据来分析各变量对我国绿色经济效率的影响。具体来讲，选取研究样本及研究时期主要是基于以下考虑：一是重庆于 1997 年正式挂牌成立，从 1997 年才开始有对重庆的统计数据；二是 2010 年以后工业烟（粉）尘去除率和工业废水排放达标量统计口径发生变化，因此只选用 2010 年以前的数据；三是港澳台及西藏地区的部分统计数据严重缺失，故将这些地区从样本中剔除。

本书所使用的数据来源于 1998～2011 年的《中国统计年鉴》《中国环境年鉴》和各省（市、区）统计年鉴。各个变量的统计特征如表 6-3 所示。

表6-3 各变量的描述性统计分析

变量	样本数	均值	标准差	最小值	最大值
GEE	420	0.548	0.274	0.215	1.232
RE	420	0.589	0.325	0.060	20633
ES	420	0.380	0.084	0.125	0.536
Urban	420	0.440	0.160	0.201	1.033
Invest	420	0.460	0.156	0.192	0.934
Open	420	0.336	0.697	0.032	12.049

（三）实证检验方法

1. 数据平稳性检验

在正确设定模型和估计参数前，需要对各个面板数据序列进行平稳性检验，采取单位根检验方法对面板数据进行平稳性检验。本书应用 LLC（Levin，Lin & Chu t*）、IPS（Im，Pesaran and Shin W – stat）、ADF（ADF – Fisher Chi – square）和 PP（PP – Fisher Chi – square）分别进行面板数据序列的平稳性检验（如表 6 – 4 所示）。在对水平值进行检验时，*GEE* 的 PP – Fisher 检验、*RE*、RE^2 的所有的检验方法的相伴概率都高于 1%，其余的变量则存在单位根，说明各变量为非平稳序列；在对差分值进行检验时，模型中的各回归变量在一阶差分情况下均实现了平稳，在 1% 的置信水平上显著，即一阶差分检验均不含有单位根，说明模型具有良好的平稳性。

表6-4 平稳性检验

变量	检验方法			
	LLC	IPS	ADF	PP
GEE	– 1.02716	– 0.48473	63.1679	88.9925***

变量	检验方法			
	LLC	IPS	ADF	PP
RE	− 18.3488 ***	− 16.7631 ***	319.27 ***	328.448 ***
RE^2	− 14.7806 ***	− 15.0779 ***	291.963 ***	335.482 ***
ES	0.33014	2.0494	51.8929	48.6344
$Urban$	− 0.77544	3.26627	40.4115	44.4576
$Invest$	6.58239	10.8143	12.4624	17.3826
$Open$	− 11.0097 ***	− 7.62423 ***	161.446 ***	156.286 ***
ΔGEE	− 27.7175 ***	− 14.0846 ***	229.065 ***	248.337 ***
ΔRE	− 25.0996 ***	− 24.9247 ***	449.943 ***	528.57 ***
ΔRE^2	− 25.8976 ***	− 24.3493 ***	434.677 ***	527.417 ***
ΔES	− 15.8583 ***	− 12.7376 ***	253.125 ***	312.32 ***
$\Delta Urban$	− 16.2668 ***	− 10.8849 ***	217.659 ***	271.399 ***
$\Delta Invest$	− 9.53871 ***	− 5.68719 ***	135.984 ***	140.372 ***
$\Delta Open$	− 25.8402 ***	− 19.7944 ***	368.294 ***	525.261 ***

注：报告结果为 t 统计量；*** 、** 、* 分别表示估计值在 1% 、5% 、10% 的水平上显著；Δ 表示对序列数据进行一阶差分。

2. 数据的协整关系检验

由单位根检验可知，模型的变量序列为一阶单整。为了防止伪回归出现，本书采用 Kao 检验和 Pedroni 检验对面板序列数据进行协整检验，原假设 $H_0: \rho = 1$ ，即不存在协整关系。由表 6 – 5 的检验结果可知，Kao 检验的 ADF 统计量在 1% 的统计水平上显著，即各变量间存在显著的协整关系。Pedroni 检验的结果表明，面板 PP 检验的统计量在 1% 的水平上显著，即所有变量序列之间存在显著的协整关系。

3. 模型检验

为了得出较为稳健的结论，本书基于 Liu 等（2000）的研究，采用不同的统计检验来选择最佳的估计方法：第一，采用 F

表 6 – 5　协整检验结果

检验方法	检验假设	统计量名	统计量值
Kao 检验	$H_0: \rho = 1$	ADF	– 3.63 ***
Pedroni 检验	$H_0: \rho = 1$ $H_1: (\rho_i = \rho) < 1$	Panel v – Statistic	– 2.862
		Panel rho – Statistic	7.794
		Panel PP – Statistic	– 5.061 ***
		Panel ADF – Statistic	2.040
	$H_0: \rho = 1$ $H_1: (\rho_i = \rho) < 1$	Group rho – Statistic	9.845
		Group PP – Statistic	– 7.962 ***
		Group ADF – Statistic	2.115

注：报告结果为 t 统计量；***、**、* 分别表示估计值在 1%、5%、10% 的水平上显著。

检验对混合回归和固定效应进行检验；第二，利用 LM 检验比较采用混合回归和随机效应模型的结果；第三，运用 Hausman 检验比较固定效应和随机效应模型估计方法。

数据回归结果如表 6 – 6 所示，模型（1）和模型（2）分别为式（6 – 1）和式（6 – 2）的估计结果，其检验统计量均显示：F 检验的 P 值为 0.000，在 1% 的显著水平上拒绝"采用混合回归"的原假设，即选择固定效应模型；LM 检验的 P 值为 0.000，拒绝"不存在个体随机效应"的原假设，即随机效应模型优于混合回归；Hausman 检验的 P 值为 0.017，拒绝"采用随机效应模型"的原假设。因此，应该选择固定效应模型进行估计。

表 6 – 6　模型估计结果

变量	模型（1）			模型（2）		
	混合效应	固定效应	随机效应	混合效应	固定效应	随机效应
ES	– 0.731 *** (– 5.75)	0.528 ** (2.82)	0.119 (0.68)	– 0.724 *** (– 5.67)	0.608 ** (3.25)	0.163 (0.93)
Urban	1.031 *** (16.20)	– 0.451 ** (– 3.17)	0.408 *** (3.64)	1.030 *** (16.18)	– 0.520 *** (– 3.66)	0.377 *** (3.34)

变量	模型（1）			模型（2）		
	混合效应	固定效应	随机效应	混合效应	固定效应	随机效应
Invest	− 0.799 ***	− 0.364 ***	− 0.540 ***	− 0.799 ***	− 0.344 ***	− 0.530 ***
	(− 13.16)	(− 5.42)	(− 8.32)	(− 13.15)	(− 5.16)	(− 8.15)
Open	− 0.010	− 0.010 *	− 0.011 **	− 0.010	− 0.010 *	− 0.011 **
	(− 1.48)	(− 2.12)	(− 2.02)	(− 1.49)	(− 2.14)	(− 2.03)
RE	0.014 *	− 0.017 *	− 0.019 **	− 0.008	− 0.084 ***	− 0.060 **
	(1.76)	(− 2.10)	(− 2.34)	(− 0.28)	(− 3.70)	(− 2.40)
RE^2				0.002	0.007 **	0.004 *
				(0.77)	(3.16)	(1.72)
常数项	0.737 ***	0.871 ***	0.745 ***	0.789 ***	1.024 ***	0.836 ***
	(10.13)	(11.70)	(9.86)	(8.01)	(11.62)	(9.14)
检验统计量	F 检验：F = 17.70 [0.0000] LM 检验：266.71 [0.0000] Hausman 检验：86.81 [0.0000]			F 检验：F = 18.41 [0.0000] LM 检验：265.380 [0.0000] Hausman 检验：101.09 [0.0000]		

注：＊＊＊、＊＊、＊分别表示估计值在1%、5%、10%的水平上显著；小括号内的数值为稳健标准误下的 t 统计量，中括号内为 P 值。

（四）实证结果分析

表6-6模型（1）和模型（2）估计结果分别是式（6-1）和式（6-2）两个模型回归结果。从固定效应回归的实证结果可以看出，模型整体通过显著性检验。核心解释变量环境规制综合指数与绿色经济效率显著负相关，并在10%的水平上通过了显著性检验；加入环境规制的二次项之后见式（6-2），环境规制在1%的显著性水平上显著，环境规制对绿色经济效率的影响呈 U 形，表明随着环境规制强度的加强，绿色经济效率经历了先降低后上升的趋势，证实了波特假说在中国是成立的。经济结构（*ES*）的系数为正且显著，与预期不符，可能是由于中国正处于

工业化阶段，工业占三产的比重较大，对经济的贡献也较大，超过了工业污染负外部性引起的效率下降。城镇化率（*Urban*）的系数为负且显著，说明随着城市化进程的加深，绿色经济效率会下降，因此，城市在未来的发展中应该注意推广绿色建筑，实施节能减排政策以减少对环境的破坏。投资率（*Invest*）的系数为负且在10%的统计水平上显著，说明现有投资的增加会导致绿色经济效率的下降。因此，未来应该注意投资效率的问题以及注重在投资过程中对资源环境的保护，不能盲目期望通过投资扩张来拉动GDP的增长。经济开放度（*Open*）的系数为负且显著，说明随着外商投资的增加会降低我国的绿色经济效率，本书的结果支持污染天堂假说，说明外商污染企业带来的环境污染问题大于资本积累和技术溢出效应。

通过对回归结果的分析，得到各省（市、区）环境规制与绿色经济效率显著负相关，环境规制的二次项与绿色经济效率显著正相关。为了进一步验证环境规制对绿色经济效率的影响，本书进行了一系列稳健性检验。鉴于执行"三同时"项目是我国环境规制政策的典型代表，《建设项目环境保护管理办法》的1986年修订版进一步明确，从事对环境有影响的建设项目"都必须执行'三同时'制度"。因此，考虑到所选指标的相对合理性和数据的可得性，采用实际执行"三同时"项目投资总额（亿元）作为环境规制的替代变量（*Regulation*），回归结果如表6-7所示，模型（3）和模型（4）分别为对式（6-1）和式（6-2）所进行的稳健性检验。稳健性检验的结果基本与表6-6的回归结果一致，环境规制的一次项与绿色经济效率显著负相关，而环境规制的二次项与绿色经济效率正相关，但不显著，即环境规制与绿色经济效率呈U形关系。其他控制变量的显著性与作用方向均与表6-6的回归结果基本一致。因此，本章设定的模型的回归结果比较稳健。

表6－7　稳健性检验

变量	模型（3）	模型（4）
ES	0.438 **	0.421 **
	(2.36)	(2.27)
Urban	－0.564 ***	－0.572 ***
	(－4.23)	(－4.29)
Invest	－0.402 ***	－0.396 ***
	(－6.34)	(－6.24)
FDI	－0.0126 **	－0.0128 **
	(－2.49)	(－2.54)
Regulation	－0.047 **	－0.102 **
	(－2.17)	(－2.02)
Regulation^2		0.034
		(1.21)
常数项	0.933 ***	0.959 ***
	(11.70)	(11.61)
样本数	420	420

注：*** 、** 、* 分别表示估计值在1％、5％、10％的水平上显著；括号内为 *t* 统计量。

二、环境规制与绿色经济效率的门槛效应检验

　　虽然上文已经验证了环境规制在长期对我国的绿色经济效率存在促进作用，但是不是环境规制越严格，绿色经济效率就越高呢？什么强度的环境规制是适合我国经济发展的呢？是否存在门槛效应？不同类型的环境规制对我国绿色经济发展的影响是否存在差异？只有明确不同类型的环境规制对于绿色经济效率的影响

差异，才能根据中国的实际情况选择最有效的环境规制工具。

虽然有学者采用二次曲线法尝试引入解释变量的二次方项进行检验环境规制对经济效率的非线性作用关系（李玲和陶锋，2012；张成等，2011），但是仍面临以下问题：一是解释变量的水平向和二次项之间往往存在较强的相关性，可能影响估计结果；二是二次曲线法限定了 U 形或倒 U 形，拐点两侧必须服从对称分布。目前，面板门槛估计方法在检验环境规制与经济效率之间的非线性关系中逐渐受到重视（李静和沈伟，2012；沈能和刘凤朝，2012）。基于以上考虑，本书进一步采用面板门槛模型来实证检验我国不同类型的环境规制对绿色经济效率的门槛效应。

（一）门槛模型设定

门槛效应是指环境规制对绿色经济效率的影响过程存在若干个关键点，只有相关变量跨越这些关键点，环境规制才会对绿色经济效率的提升起到促进作用。关于门槛效应的检验，主要有分组检验（Girma et al.，2001）和交叉项模型检验（Kinoshita，2001）两种方法。具体来讲，分组检验是先选择割点将样本分组，但该方法存在两点不足：一是样本分组缺乏客观的标准，二是无法对不同的回归结果进行显著性检验。而交叉项模型检验是通过建立包含交叉项的线性模型来研究各个变量之间的相互作用，但其不足是难以确定交叉项的形式且无法解决回归结果的显著性检验问题。为此，本章采用 Hansen（1999）提出的面板门槛回归模型进行门槛效应检验，该方法既能估计门槛值，又能对门槛效应进行显著性检验。门槛面板模型的核心思想是将门槛变量作为一个未知变量，将其纳入回归模型中并建立分段函数，进一步估计和检验各个门槛值。

钱争鸣和刘晓晨（2015）研究表明，环境规制对绿色经济效率不仅存在非线性特性，还存在滞后性。此外，考虑到各地区的环境规制强度存在差异，绿色经济效率对环境规制强度的反应则不同，且上文实证研究中滞后一期的环境规制对绿色经济效率的影响显著为正，因此，本书将环境规制滞后一期项 ER_{it-1} 作为门槛变量进行检验。考虑到环境规制对绿色经济效率的影响可能存在一个或者若干个门槛，跨越不同的门槛值后，环境规制对绿色经济效率的影响可能不同。本书采用单一门槛和多重门槛模型分别对环境规制与绿色经济效率的非线性关系进行检验，门槛面板模型设定如下：

首先，以滞后一期的环境规制为门槛变量，分析环境规制对绿色经济效率的门槛效应，建立单一门槛模型如下：

$$GEE_{it} = \delta_0 + \alpha_1 ER_{it} \cdot I(ER_{it-1} \leqslant \gamma_1) + \alpha_2 ER_{it} \cdot I(ER_{it-1} > \gamma_1) + \beta_1 ES_{it} + \beta_2 Urban_{it} + \beta_3 Invest_{it} + \beta_4 Open_{it} + \varepsilon_{it} \quad (6-6)$$

其次，基于门槛效应的检验结果，进一步构建多重门槛效应模型如下：

$$GEE_{it} = \delta_0 + \alpha_1 ER_{it} \times I(ER_{it-1} \leqslant \gamma_1) + \alpha_2 ER_{it} \times I(\gamma_1 < ER_{it-1} \leqslant \gamma_2) + \cdots + \alpha_3 ER_{it} \times I(ER_{it-1} > \gamma_2) + \beta_1 ES_{it} + \beta_2 \ln Urban_{it} + \beta_3 Invest_{it} + \beta_4 Open_{it} + \varepsilon_{it} \quad (6-7)$$

此外，鉴于不同类型的环境规制可能对绿色经济效率的影响也不同，分别设定滞后一期的行政型、市场型以及自愿参与型的环境规制为门槛，分析不同类型的环境规制与绿色经济效率之间的门槛效应，单一门槛回归表达式如下：

$$GEE_{it} = \delta_0 + \alpha_1 Pol\_ER_{it} \cdot I(Pol\_ER_{it-1} \leqslant \gamma_1) + \alpha_2 Pol\_ER_{it} \cdot I(Pol\_ER_{it-1} > \gamma_1) + \beta_1 ES_{it} + \beta_2 \ln Urban_{it} + \beta_3 Invest_{it} + \beta_4 Open_{it} + \varepsilon_{it} \quad (6-8)$$

$$GEE_{it} = \delta_0 + \alpha_1 Mar\_ER_i \cdot I(Mar\_ER_{it-1} \leqslant \gamma_1) + \alpha_2 Mar\_ER_{it} \cdot I(Mar\_ER_{it-1} > \gamma_1) + \beta_1 ES_{it} + \beta_2 \ln Urban_{it} + \beta_3 Invest_{it} +$$

$$\beta_4 Open_{it} + \varepsilon_{it} \qquad (6-9)$$

$$GEE_{it} = \delta_0 + \alpha_1 Par\_ER_{it} \cdot I(Par\_ER_{it-1} \leqslant \gamma_1) + \alpha_2 Par\_ER_{it} \cdot$$
$$I(Par\_ER_{it-1} > \gamma_1) + \beta_1 ES_{it} + \beta_2 \ln Urban_{it} + \beta_3 Invest_{it} +$$
$$\beta_4 Open_{it} + \varepsilon_{it} \qquad (6-10)$$

或者，基于门槛效应的检验结果，建立多重门槛效应模型如下：

$$GEE_{it} = \delta_0 + \alpha_1 Pol\_ER_{it} \cdot I(Pol\_ER_{it-1} \leqslant \gamma_1) + \alpha_2 Pol\_ER_{it} \cdot$$
$$I(\gamma_1 < Pol\_ER_{it-1} \leqslant \gamma_2) + \cdots + \alpha_3 Pol\_ER_{it} \cdot I(Pol\_$$
$$ER_{it-1} > \gamma_n) + \beta_1 ES_{it} + \beta_2 \ln Urban_{it} + \beta_3 Invest_{it} + \beta_4 Open_{it} + \varepsilon_{it}$$
$$\qquad (6-11)$$

$$GEE_{it} = \delta_0 + \alpha_1 Mar\_ER_i \cdot I(Mar\_ER_{it-1} \leqslant \gamma_1) + \alpha_2 Mar\_ER_{it} \cdot$$
$$I(\gamma_1 < Mar\_ER_{it-1} \leqslant \gamma_2) + \cdots + \alpha_3 Mar\_ER_{it} \cdot I(Mar\_$$
$$ER_{it-1} > \gamma_n) + \beta_1 ES_{it} + \beta_2 \ln Urban_{it} + \beta_3 Invest_{it} + \beta_4 Open_{it} + \varepsilon_{it}$$
$$\qquad (6-12)$$

$$GEE_{it} = \delta_0 + \alpha_1 Pol\_ER_i \cdot I(Pol\_ER_{it-1} \leqslant \gamma_1) + \alpha_2 Pol\_ER_{it} \cdot$$
$$I(\gamma_1 < Pol\_ER_{it-1} \leqslant \gamma_2) + \cdots + \alpha_3 Pol\_ER_{it} \cdot I(Pol\_$$
$$ER_{it-1} > \gamma_n) + \beta_1 ES_{it} + \beta_2 \ln Urban_{it} + \beta_3 Invest_{it} + \beta_4 Open_{it} + \varepsilon_{it}$$
$$\qquad (6-13)$$

其中，i 代表省（市、区），t 代表年份，γ_1，γ_2，$\cdots$，γ_n 为待估算的门槛值，$I(\cdot)$ 为示性函数，ε_{it} 为随机扰动项。GEE_{it} 为绿色经济效率的衡量变量，控制变量 ES_{it}、$Urban_{it}$、$Invest_{it}$、$Open_{it}$ 分别为不同省（市、区）的经济结构、城镇化水平、投资率以及经济开放度，用于控制无法观测的省（市、区）特质效应。

（二）变量选取及数据来源

1. 变量选取

一般将环境规制分为两类：一是正规环境规制（原毅军和谢

荣辉，2014），或者称为显性环境规制；二是非正规环境规制
（Pargal & Wheeler，1996），或者称为隐性环境规制（赵玉民等，
2009）。根据其属性，正式环境规制又可以分为行政型环境规制、
市场型环境规制与自愿参与型环境规制；非正规环境规制主要为
环境保护意识。现有文献对非正规环境规制的衡量主要采用污染
事件的媒体曝光率（Kathuria，2007）、议会选举的投票率（Gol-
dar & Banerjee，2004）以及选取收入水平、受教育程度、人口密
度和年龄结构等指标来构建一个用于衡量非正式规制强度的综合
指标（Pargal & Wheeler，1996）。但由于各个省（市、区）的媒
体曝光率数据难以获得，采用综合指标的方法只能间接地反映非
正式环境规制的强度，故本书将不考虑非正规环境规制，仅研究
正式环境规制的 3 种类型（行政性型环境规制、市场型环境规制
和自愿参与型环境规制）与绿色经济效率的门槛效应。具体来
讲，3 种不同类型的正式环境规制的变量选择如下：

（1）行政型环境规制。指政府部门或者环保机构通过制定环
境保护方面的法律、法规和政策来实现环境保护的目的，具有强
制性的特征。目前对行政型环境规制的衡量主要采用治污执法次
数、环境规制机构检查和监督的次数、环境规制执法强度、出台
的法规与法案等（熊艳，2012）。相比之下，实际执行"三同
时"制度[①]的时间长、执行范围广，是中国特有的环境规制政策，
更能反映我国环境规制强度。因此，本书选取实际执行"三同
时"项目环保投资总额占工业增加值的比重来衡量行政型环境规
制强度。

---

① "三同时"制度是在 1973 年第一次全国环境保护会议上通过的《关于保护和改善环境的
若干规定（试行草案）》中最早规定的。它是指对环境有影响的一切基本建设项目（包括区域开
发建设项目及外商投资建设项目等）、一切技术改造项目，其中防治污染和生态破坏的设施，必须
与主体工程同时设计、同时施工、同时投产使用的制度。

（2）市场型环境规制。指政府部门通过价格、费用等市场化的手段来激励企业进行节能减排，具有市场性的特征。主要通过税费或者排放许可证交易等工具发挥作用。鉴于我国排污收费的制度较为成熟，因此本书选用排污费收入来衡量市场型环境规制。

（3）自愿参与型环境规制。指企业和居民自愿参与的资源节约和环境保护的承诺或者行动，具有自愿性的特征。公众主要通过监督举报、信访、投诉等方式参与环境治理与保护。由于有些省（市、区）每年与环境相关的行政诉讼案件数较少，仅为个位数，数据的随机性较强，地区间差异过大，而江西、青海、贵州等地区的统计数据缺失较为严重。因此，本书选取各地区环境信访来信总数来表征自愿参与型环境规制的强度。

为了和环境规制与绿色经济效率的非线性关系检验的控制变量选取保持一致，本节同样选取经济结构、城镇化水平、投资水平和对外开放水平作为控制变量。

2. 数据来源

考虑到数据的有效性、一致性以及可获得性，本书选用1997～2013年中国30个省（市、区）的面板数据来进行实证研究，所选取的数据来源于1998～2014年的《中国统计年鉴》《中国环境年鉴》和《中国环境统计年鉴》。

（三）实证检验方法

1. 平稳性检验

在正确设定模型和估计参数之前，先对面板数据序列进行单位根检验。本书应用 LLC（Levin，Lin and Chu t*）、IPS（Im，Pesaran and Shin W－stat）、ADF（ADF－Fisher Chi－square）和 PP（PP－Fisher Chi－square）分别进行面板数据序列的平稳性检

验（如表 6 - 8 所示）。在对水平值进行检验时，除了市场型环境规制的 IPS、ADF 和 PP 检验不显著外，其余变量均不存在单位根；在对差分值进行检验时，模型中的各回归变量在一阶差分的情况下均实现了平稳，在 1% 的显著性水平上显著。所以，拒绝原假设，一阶差分检验均不含有单位根，即验证模型具有良好的平稳性。

表 6 - 8 数据平稳性检验

变量	检验方法			
	LLC	IPS	ADF	PP
GEE	− 12. 5804 ***	− 20. 5335 ***	1274. 77 ***	1519. 61 ***
Political ER	− 7. 99958 ***	− 6. 57755 ***	145. 52 ***	148. 266 ***
Market ER	0. 0056 ***	0. 9963	0. 9987	0. 9772
Participate ER	− 6. 45422 ***	− 6. 0655 ***	134. 276 ***	134. 231 ***
ES	− 12. 1665 ***	− 11. 39 ***	235. 508 ***	308. 127 ***
Urban	− 16. 5588 ***	− 13. 5817 ***	286. 221 ***	306. 791 ***
Invest	− 10. 2263 ***	− 7. 40969 ***	193. 726 ***	248. 043 ***
Open	− 18. 0131 ***	− 16. 6408 ***	331. 85 ***	343. 122 ***
ΔGEE	− 15. 6394 ***	− 18. 4449 ***	366. 935 ***	603. 604 ***
$\Delta Political\ ER$	− 28. 3387 ***	− 22. 1942 ***	432. 069 ***	545. 485 ***
$\Delta Market\ ER$	− 12. 35 ***	− 9. 58199 ***	196. 786 ***	211. 579 ***
$\Delta Participate\ ER$	− 20. 942 ***	− 17. 9964 ***	355. 738 ***	448. 781 ***
ΔES	− 19. 2183 ***	− 22. 0931 ***	440. 038 ***	667. 53 ***
$\Delta Urban$	− 10. 6609 ***	− 18. 2883 ***	373. 146 ***	733. 084 ***
$\Delta Invest$	− 17. 5795 ***	− 20. 5674 ***	410. 114 ***	675. 667 ***
$\Delta Open$	− 26. 0635 ***	− 23. 6706 ***	465. 244 ***	679. 495 ***

注：报告结果为 t 统计量；***、**、* 分别表示估计值在 1%、5%、10% 的水平上显著；Δ 表示对序列数据进行一阶差分。

2. 协整关系检验

由单位根检验可知，模型的变量序列为一阶单整。因此，需

要通过协整检验以判断各个变量是否存在协整关系。本书采用
Kao 检验和 Pedroni 检验对面板序列数据进行检验，协整检验结果
如表 6－9 所示。由 Kao 检验的结果可知，Kao 检验的 ADF 统计
量在 1% 的统计水平上显著，表明面板数据的各个变量之间存在
显著的协整关系。Pedroni 检验的结果表明，面板 PP 检验和 ADF
检验的统计量在 1% 的显著性水平上显著，即所有变量序列之间
存在协整关系。

表 6－9　协整检验结果

检验方法	检验假设	统计量名	统计量值
Kao 检验	$H_0 : \rho = 1$	ADF	－3.393315 ***
Pedroni 检验	$H_0 : \rho = 1$ $H_1 : (\rho_i = \rho) < 1$	Panel v – Statistic	－5.594236
		Panel rho – Statistic	5.181783
		Panel PP – Statistic	－13.09626 ***
		Panel ADF – Statistic	－4.370258 ***
	$H_0 : \rho = 1$ $H_1 : (\rho_i = \rho) < 1$	Group rho – Statistic	6.87458
		Group PP – Statistic	－19.72044 ***
		Group ADF – Statistic	－5.634185 ***

注：报告结果为 t 统计量；***、**、* 分别表示估计值在 1%、5%、10% 的水平上显著。

3. 模型估计及检验

根据 Hansen（1999）的基本思想，在进行门槛面板回归分析
时，门槛面板模型的估计和检验方法主要由以下部分组成：

（1）估计门槛值及其系数。首先，从单一门槛模型中取得临
时门槛值 γ^*。若任意赋一个初始值 γ_0，通过 OLS 估计得到其残
差平方和 $S_1(\gamma_0)$，当 γ 按照从小到大依次取值时即可以得到不同
的 $S_1(\gamma)$，而取门槛值 γ^* 时，其残差平方和 $S_1(\gamma)$ 最小，即
$\gamma^* = \arg \min S_1(\gamma)$。然而，在实际应用中，由于数据计算工作量

较大，为了提高估计精度，门槛值的估计通常采用格栅搜索法（Grid Search），一旦确定了门槛回归中的门槛值，就可以通过OLS估计出斜率 $\eta(\gamma^*)$。其次，将取得的临时门槛值 γ^* 代回，按照上述方法，γ^* 开始从小到大依次进行取值，得到使得残差平方和 $S_2(\gamma_2)$ 最小的门槛值 γ_2，即 $\gamma_2 = \arg \min S_2(\gamma^*, \gamma_2)$，此时的门槛值 γ_2 是渐进有效的。最后，将得到的门槛值 γ_2 重新代回，将得到最终的门槛值 γ_1，即 $\gamma_1 = \arg \min S_3(\gamma_1, \gamma_2)$。

（2）检验门槛效应的显著性。其目的是检验以门槛值为界限的样本组的模型估计参数之间是否有显著的差异（董直庆和焦庆红，2015）。以单一门槛为例，不存在门槛值的原假设：H_0：$\gamma_1 = \gamma_2$，备择假设：H_1：$\gamma_1 \neq \gamma_2$，则构建 LM 检验统计量：$F_1 = (S_0 - S_1(\hat{\gamma}))/\hat{\sigma}^2$，其中 $\hat{\sigma}^2 = S_1/[n(T-1)]$，$S_0$ 表示不存在门槛时的 OLS 残差平方和，$S_1(\hat{\gamma})$ 表示存在门槛时的 OLS 残差平方和，$\hat{\sigma}^2$ 为门槛估计残差的方差。如果不拒绝原假设，则不存在门槛效应，反之则存在门槛效应；当第一个门槛值确定以后，搜寻并检验是否存在第二个门槛值，并在此基础上继续搜寻多重门槛，直至无法拒绝原假设为止。

（3）检验门槛值是否等于真实值。真实性检验的目的在于进一步确定门槛值的置信区间，门槛面板模型采用极大似然估计法对其真实性进行检验。原假设为 H_0：$\gamma = \gamma_0$，则检验似然比统计量可以构建为：$LR_n(\gamma) = n[S_n(\gamma) - S_n(\hat{\gamma})]/S_n(\hat{\gamma})$，其中，$LR_n(\gamma)$ 是非标准正态分布的，在 α 的显著性水平上，如果 $LR_n(\gamma) \leqslant c(\alpha) = -2\log(1 - \sqrt{1-\alpha})$，则不能拒绝原假设，即得到的门槛值是真实的。其中，根据 Hansen（1999）提出的判定门槛效应显著性的临界值可知，在 10%、5% 和 1% 的显著性水平上，$c(a)$ 分别为 6.53、7.35 和 10.59。

（四）门槛回归及结果分析

1. 门槛模型的估计和检验结果

本书利用 STATA 14.0 软件实现面板门槛模型回归。为了确定模型的具体形式，本书采取以下步骤：

（1）确定环境规制的门槛个数。根据面板门槛模型的原理以及原假设，本书依次进行单一门槛和多重门槛检验。

表 6-10 显示了不同门槛检验类型的 F 统计量和采用自举法对单一和多重门槛分别反复抽样 300 次得到的 P 值及其临界值。结果表明：若以环境规制强度为门槛变量，其单一门槛和双重门槛分别在 10% 和 1% 的显著性水平上显著，相应的抽样 P 值分别为 0.071 和 0.037，而三重门槛效果在 10% 的显著性水平上不显著，即模型存在双重门槛值。若以行政型环境规制为门槛变量，模型的单一门槛在 1% 的显著水平上显著，但双重门槛检验的 P 值分别为 0.157，即在 10% 的显著水平上不显著。因此，以行政型环境规制为门槛变量的环境规制影响绿色经济效率模型将基于单一门槛模型进行分析；若以市场型环境规制为门槛变量，其单一门槛和双重门槛分别在 10% 和 1% 的显著性水平上显著，相应的抽样 P 值分别为 0.057 和 0.000，而三重门槛效果在 10% 的显著性水平上不显著，则模型存在双重门槛。若以自愿参与型环境规制为门槛变量，其单一门槛和双重门槛分别在 10% 和 1% 的显著性水平上显著，相应的抽样 P 值分别为 0.051 和 0.000，而三重门槛效果在 10% 的显著性水平上不显著，则模型存在双重门槛。

（2）确定门槛的估计值以及构造门槛值的置信区间，判定门槛值的真实性。表 6-11 显示了分别以环境规制强度、行政型环境规制、市场型环境规制和自愿参与型环境规制为门槛的估计值

表 6 – 10 门槛效应估计与检验结果

门槛变量	门槛检验类型	F 统计量	P 值	临界值		
				10%	5%	1%
ER_{t-1}	单一门槛	14.01*	0.071	10.870	13.106	17.94
	双重门槛	15.34**	0.037	11.218	13.923	20.21
	三重门槛	5.94	0.327	9.283	11.021	16.26
$Political\ ER_{t-1}$	单一门槛	17.09***	0.000	6.437	7.492	10.992
	双重门槛	5.31	0.157	6.476	8.533	11.668
$Market\ ER_{t-1}$	单一门槛	14.13*	0.057	9.441	11.210	19.411
	双重门槛	40.78***	0.000	9.077	11.656	20.382
	三重门槛	6.66	0.733	25.883	30.787	51.489
$Participate\ ER_{t-1}$	单一门槛	14.75*	0.051	25.826	40.046	78.942
	双重门槛	87.76***	0.000	20.570	26.056	36.700
	三重门槛	9.08	0.633	24.553	28.700	39.978

注：***、**、*分别表示估计值在1%、5%、10%的水平上显著。

和置信区间。环境规制的门槛估计值分别为 1.061 和 1.136，行政型环境规制的门槛估计值为 0.015，市场型的环境规制的门槛估计值分别为 10.649 和 10.712，而自愿参与型的环境规制的门槛估计值分别为 7.201 和 7.483。环境规制强度的双重门槛值的置信区间为 [1.106，1.156]，行政型的环境规制的单一门槛的置信区间为 [0.010，0.015]，市场型的环境规制的双重门槛的置信区间为 [10.671，10.715]，自愿参与型的环境规制的双重门槛的置信区间为 [7.453，7.513]。

表 6 – 11 门槛估计值和置信区间

门槛变量	门槛值	门槛估计值	95%置信区间
ER_{t-1}	γ_1	1.061	[1.033，1.080]
	γ_2	1.136	[1.106，1.156]

续表

门槛变量	门槛值	门槛估计值	95%置信区间
$Political\ ER_{t-1}$	γ_1	0.015	[0.010, 0.015]
$Market\ ER_{t-1}$	γ_1	10.649	[10.643, 10.649]
$Market\ ER_{t-1}$	γ_2	10.712	[10.671, 10.715]
$Participate\ ER_{t-1}$	γ_1	7.201	[7.150, 7.732]
	γ_2	7.483	[7.453, 7.513]

2. 门槛模型的回归结果

基于上述门槛显著性检验的结果，本书利用面板门槛模型来实证检验上述不同模型相关参数的估计结果，以重点分析不同环境规制类型对绿色经济效率的门槛效应特征。环境规制强度越大是否越有利于提高绿色经济效率，进而实现绿色经济增长？表6-12分别呈现了滞后一期的环境规制、行政型环境规制、市场型环境规制、自愿参与型环境规制作为门槛变量时的回归结果。从回归结果不难看出，环境规制对绿色经济效率确实存在门槛效应，其对绿色经济效率的作用影响会因为规制强度的变化而发生变化。

表6-12 面板门槛回归结果

变量	ER_{t-1} 为门槛	$Political\ ER_{t-1}$ 为门槛	$Market\ ER_{t-1}$ 为门槛	$Participate\ ER_{t-1}$ 为门槛
ES	0.462 *** (2.50)	-1.689 *** (-9.00)	-2.241 *** (-7.30)	-2.516 *** (-8.65)
Urban	-0.504 *** (-3.65)	0.792 *** (7.28)	0.887 *** (5.13)	0.796 *** (4.66)
Invest	-0.406 *** (-6.44)	-0.252 *** (-3.37)	-0.241 ** (-2.04)	-0.214 ** (-1.85)
ER ($ER \leqslant 1.061$)	0.010 (0.37)			

续表

变量	ER_{t-1} 为门槛	Political ER_{t-1} 为门槛	Market ER_{t-1} 为门槛	Participate ER_{t-1} 为门槛
ER（1.061 < ER ≤ 1.136）	0.232 ** (3.91)			
ER（ER > 1.136）	0.005 (0.24)			
Political ER (Political ER ≤ 0.015)		7.647 *** (2.66)		
Political ER (Political ER > 0.015)		-0.311 *** (-3.15)		
Market ER (Market ER ≤ 10.649)			0.069 (1.56)	
Market ER（10.649 < Market ER ≤ 10.712）			0.149 *** (3.40)	
Market ER (Market ER > 10.712)			0.066 (1.63)	
Participate ER (Participate ER ≤ 7.201)				-0.034 (-1.41)
Participate ER（7.201 < Participate ER ≤ 7.483）				0.032 (1.25)
Participate ER (Participate ER > 7.483)				-0.038 * (-1.82)
常数项	0.789 *** (11.95)	1.198 *** (16.00)	0.651 (1.35)	1.790 *** (8.20)

注：括号内数值为 t 统计量；***、**、* 分别表示估计值在 1%、5%、10% 的水平上显著。

（1）环境规制与绿色经济效率的门槛效应分析。门槛回归结果表明，环境规制对绿色经济效率的促进作用存在双重门槛。当环境规制的滞后项 ER_{t-1} 低于或者等于门槛值 1.061 时，环境规制对绿色经济效率的促进作用在统计意义上并不显著。一方面，这可能是由于较弱的环境规制强度所引致的环境支付成本占企业总成本的比例相对较低，企业通过管理制度创新、绿色技术创新来实现经济效益提升以及非期望产出降低的动力较小。另一方面，可能由于企业为了取得高额利润，将部分原本用于绿色技术创新的经费用于污染治理，这将降低企业进行绿色技术研发的投入，致使低于第一个门槛值（1.061）的环境规制并没有显著地促进绿色经济效率的提升。当环境规制强度的滞后一期项介于两个门槛值之间时，环境规制对绿色经济效率存在显著的正向影响，且在统计上通过5%的显著性检验，逐步加大环境规制的强度有利于提升绿色经济效率。这可能是由于随着环境规制力度的不断加强，所引致的环境支付成本在企业总成本中的占比逐渐增大，将会淘汰一些高能耗、高污染的企业，促使企业加强绿色技术创新以及管理制度创新，提高经济效益和企业竞争力，进而提升绿色经济效率。但当 ER_{t-1} 大于1.136时，加强环境规制力度对绿色经济效率的提升作用并不显著，且其影响系数降低至0.005。这可能是由于环境规制强度已经处于一个相对较高的水平，强度过高的环境规制必然引起企业成本的上升、加重企业的负担。虽然企业加强绿色技术创新能够弥补一部分成本损失，但技术创新是一个相对长期的过程，而短期内企业承受成本上升的空间是有限的，盲目地提高环境规制强度对绿色经济效率的提升未必有利。因此，政府在制定和实施环境保护政策时应该采取适当的环境规制强度，最大限度地提升绿色经济效率。

然而，仅仅考虑环境规制强度的门槛是不够的，控制变量经济结构、城镇化水平、投资水平以及经济开放度对绿色经济效率的影响作用也不可忽视。门槛回归的研究结果与表6-6的回归结果基本一致。经济结构与绿色经济效率在1%的显著性水平上显著正相关，说明工业发展对经济的贡献度较高，超过了由于工业污染引起的效率下降，在提升绿色经济效率方面起到重要作用。而城镇化水平和投资率与绿色经济效率在1%的显著性水平上高度负相关，说明城镇化发展过程以及投资对加强资源环境保护的力度还有待提升，对绿色经济效率的提升带来了压力。而经济开放度与绿色经济效率之间虽然负相关，但是在统计上不显著，说明外商投资的增加对我国绿色经济效率的降低作用还不明显。

（2）行政型环境规制与绿色经济效率的门槛效应分析。从模型估计结果来看，行政型环境规制的滞后项对绿色经济效率的影响作用存在单一门槛效应。当 $Political\ ER_{t-1}$ 低于或者等于门槛值0.015时，环境规制强度与绿色经济效率在1%的显著性水平上显著正相关。而当行政型环境规制强度跨越门槛值0.015时，加强行政型环境规制对绿色经济效率产生负向作用，在统计上通过1%的显著性检验。总而言之，行政型环境规制强度与绿色经济效率之间呈现倒U形关系。研究结果说明，一定强度的行政型环境规制政策在其实施初期，对绿色经济效率的提升可能有一定的积极作用。面临着由于环境规制的实施而引致的污染治理成本，企业不得不加强清洁技术创新，以减少环境污染、提高企业生产率，绿色经济效率也得到提升。但当环境规制强度继续加大时，过高的环境规制力度会加重企业的负担甚至超过承受能力，而绿色技术创新所带来的经济效益不能抵消环境支付成本的增长，这将会在一定程度上降低绿色经济效率。

（3）市场型环境规制强度与绿色经济效率的门槛效应。市场型的环境规制与采用环境规制综合指数表征的环境规制对绿色经济效率的作用基本一致。当市场型环境规制的强度低于第一个门槛值10.660时，环境规制对绿色经济效率的提升作用并不显著。而当 $Market\ ER_{t-1}$ 介于两个门槛值10.660和10.672之间时，市场型环境规制与绿色经济效率在 1% 的显著性水平上正相关，即逐步加大环境规制强度有利于提升绿色经济效率。然而，当环境规制强度大于 10.672 时，市场型环境规制与绿色经济效率之间的正向关系不显著，其影响系数也由 0.149 下降至 0.066，说明市场型环境规制对绿色经济效率的促进作用在减弱。研究结果表明，当市场型环境规制强度处于较低水平时，企业缺少动力来进行绿色技术创新以抵消由环境规制引致的环境支付成本，则市场型环境规制对绿色经济效率的促进作用不显著。当市场型环境规制强度不断加强，越过第一个门槛且小于或等于第二个门槛的时候，企业将加强技术创新以抵消由于环境规制强度的不断加强所引致的较高的环境支付成本，进而提升绿色经济效率。但当环境规制强度继续增大，跨越第二个门槛（1.136）时，强度过高的市场型环境规制可能使企业的负担加重，并没有显著地提升绿色经济效率。因此，设定强度适宜的市场型规制强度是十分必要的。

（4）自愿参与型环境规制强度与绿色经济效率的门槛效应。自愿参与型环境规制与绿色经济效率之间存在 N 形关系。当 $Participate\ ER_{t-1}$ 处在较低水平时，自愿参与型环境规制与绿色经济效率负相关，但不显著；当自愿参与型环境规制介于两个门槛值之间时，自愿参与型环境规制促进了绿色经济效率的提升，但在统计意义上不显著；当自愿参与环境规制力度进一步加强，自愿参与型环境规制与绿色经济效率在 10% 的显著性水平上负相关。上述分析说明，由于自愿参与型环境规制在起初的时候的自愿参与度较低，而企业行为受到广大群众的约束的程度相对较低，企业粗放式的生产方式以及污染处理状况并未因公众参与环境监督和举报而做出改善，因此，其对绿色经济效率的影响系数为负。随着公众参与力度的加强，公众参与环境保护的力量逐渐受到关注，企业不得不进行绿色技术创新以减少污染排放，提高生产率，进而提升了绿色经济效率。但当自愿参与型环境规制强度进一步增强时，由此带来的成本效应凸显，企业加强绿色技术创新难以弥补由于公众参与环境规制力度的增强所带来的成本损失，进而导致企业生产率的下降。因此，自愿参与型环境规制强度过强可能在一定程度上抑制绿色经济效率的提升。

以上结果说明，我国 3 种类型的环境规制对绿色经济效率存在显著的非线性门槛特征，那么，是什么因素引发了环境规制对绿色经济效率的影响发生结构性变化呢？在现实经济环境中，经济结构、城镇化水平、投资水平以及经济开放度都有可能成为环境规制门槛效应存在的原因。各个模型中的控制变量与绿色经济效率的作用影响的方向及显著性基本保持一致。经济结构与绿色经济效率在 1% 的显著性水平上显著负相关，说明了我国的经济结构不利于绿色经济效率的提升，虽然目前工业发展对经济的贡献度较高，但所引起的环境污染问题也尤为严重。因此，我国的经济结构有待进一步优化、升级；城镇化水平在提升绿色经济效率方面起到了显著的促进作用。我国新型城镇化发展在拉动国内消费需求、促进经济结构转型等方面起到了重要作用，其所带来的经济效益超过了城镇化过程中所带来的资源环境问题。在投资方面，投资率与绿色经济效率在 1% 的显著性水平上高度负相关，说明我国大多数投资并没有考虑对资源环境的保护，而是以粗放式投资拉动经济增长。经济开放度与绿色经济效率在 1% 的显著性水平上正相关，说明"污染天堂"假说在中国并不适用，我国严格控制污染型外商投资的准入。

三、本章小结

为了考察环境规制对绿色经济效率的影响究竟是促进还是抑制、波特假说在中国是否成立的问题，本书对环境规制与绿色经济效率之间的关系进行了实证检验。首先将非期望产出纳入非参数效率模型中，运用 Super – SBM 模型和 GML 指数测度考虑资源环境约束下的绿色经济效率，并从静态和动态角度分析其时间和空间的演变规律。然后，利用综合指数法构建了中国各省（市、区）的环境规制强度指数，进一步实证研究环境规制对绿色经济效率的影响。研究结果表明，环境规制对绿色经济效率的影响符合 U 形关系。我国环境规制对绿色经济效率确实是存在促进作用的，这一结论在一定程度上验证了波特假说的正确性。

为了进一步探究环境规制与绿色经济效率之间的非线性关系，利用非线性面板门槛模型，考虑到环境规制对绿色经济效率的影响存在滞后效应，将环境规制滞后一期和 3 种不同类型的环境规制的滞后一期分别作为门槛变量来进行门槛回归分析。结果表明，环境规制滞后一期项存在双重门槛，当环境规制介于两门槛之间时，环境规制的滞后项与绿色经济效率存在显著正相关，当环境规制滞后一期项跨过第二个门槛值时，环境规制对绿色经济效率的促进作用减弱。行政型环境规制的滞后一期项存在单一门槛，与绿色经济效率之间呈倒 U 形关系，当行政型环境规制的滞后一期项小于门槛值时，对绿色经济效率的提升有促进作用；市场型环境规制的滞后一期项存在双门槛，当其介于两个门槛之间时，市场型环境规制能够提升绿色经济效率，但当其跨越了第二个门槛之后，促进作用减弱。自愿参与型环境规制的滞后一期项存在双重门槛，与绿色经济效率之间呈 N 形关系。只有当其介于两个门槛之间，自愿参与型环境规制强度才能促进绿色经济效率的提升。

第七章

环境规制与绿色经济增长：
基于绿色技术创新视角

本章从绿色技术创新视角来实证检验环境规制对绿色经济增长的影响。首先构建了环境规制与绿色技术创新的理论分析模型，在测度和分析绿色技术创新效率的基础上，利用面板模型回归分析了环境规制与绿色技术创新效率的非线性关系。

一、环境规制与绿色技术创新的理论模型

本节基于王文普和印梅（2015）的研究，构建环境规制与绿色技术创新的理论分析模型。假定技术创新与环境规制存在内生影响关系。若企业的利润水平受到绿色技术创新水平的影响，当实施环境规制时，企业的绿色技术创新水平主要受制于创新投入和环境规制强度。对于环境规制对绿色技术创新的影响，假定环境规制（E）强度越大，企业由于环境规制的实施而获得的技术转移（t）越多，即可表达为：

$$t = T(E) \tag{7-1}$$

鉴于环境规制具有正的外溢性，地区间可能会采取策略性行为。假定企业的绿色技术创新（h）取决于创新投入（C）、环境规制（E）。环境规制的实施既可能增加企业的成本，也可能激励企业进行绿色技术创新，进而在一定程度上抵消由环境规制的实施所引致的成本。因此，企业的绿色技术创新水平可被定义为：

$$h = H(C, E) \tag{7-2}$$

假设 $H_C > 0$、$H_E > 0$。假定企业的技术创新投入满足边际报酬递减规律，即 $H_{CC} < 0$。H_{CE} 用来代表环境规制对企业绿色技术创新投入效率的间接影响：当 $H_{CE} > 0$ 时，说明随着环境规制强度的增大，在既定研发支出下，企业的技术创新投入的收益更高；当 $H_{CE} < 0$ 时，环境规制的提高不利于企业的技术创新投入效率。

结合式（7-1）和式（7-2），企业的绿色技术创新水平由自主技术创新和环境规制引致的技术转移共同作用，即 $\Omega = T(E) + H(C, E)$。于是，代表性企业的利润可表示为：

$$V(\Omega) - C = V(T(E) + H(C, E)) - C \tag{7-3}$$

其中，$V(\Omega)$ 表示企业的价值函数，且 $V' > 0$、$V'' < 0$。当 $V'' < 0$ 时，表示技术水平的提高满足规模报酬递减规律。代表性企业利润最大化的一阶条件可以表示为：

$$V'H_C - 1 = 0 \tag{7-4}$$

进一步地，可以得到代表性企业的技术创新投入函数，即：

$$C = f(E) \tag{7-5}$$

其中，式（7-5）为隐函数，无法直接被观察到。为了识别环境规制通过怎样的途径来影响绿色技术创新，求解式（7-4）关于 C 和 E 的全微分，即得到：

$$\frac{dC}{dE} = -\frac{V'H_{CE} + V''H_CT' + V''H_CH_E}{V'H_{CC} + V''H_C^2} \qquad (7-6)$$

式（7-6）描述了环境规制对企业技术创新投入的总影响。由假设 $H_{CC} < 0$、$V' > 0$ 和 $V'' < 0$ 可知，$V'H_{CC} + V''H_c^2 < 0$，因而，当且仅当如下条件：

$$V'H_{CE} + V''H_CT' + V''H_CH_E < 0 \qquad (7-7)$$

若成立时，则有 $dC/dE < 0$。即在该情形下，环境规制强度的增大将阻碍企业更多地进行绿色技术创新投入。因此，依据上述假设可得到：$V''H_CT' < 0$、$V''H_CT_E < 0$。从式（7-7）可以看出，当 H_{CE} 较小（$V'H_{CE}$ 也相应地有较小的正值）而 V'' 相对较大时，$dC/dE < 0$。T' 代表了环境规制对企业绿色技术创新水平的边际影响率，即 T' 值越大，环境规制强度越大，则激励企业进行更多的技术转移，对企业绿色技术创新效率的影响越大。$V'' < 0$ 表明绿色技术创新水平对企业利润的边际贡献率递减；$H_{CE} > 0$ 表明，H_{CE} 值越大，环境规制对企业技术创新投入的边际激励作用越强。

综上，环境规制会对企业绿色技术创新投入产生替代作用和补偿作用。具体来讲，环境规制一方面通过技术转移提高了企业的绿色技术创新水平，从而降低企业对绿色技术创新的需求。$V''H_CT'$ 的绝对值越大，即随着规制的增强，企业技术水平的边际增长率（T'）增大，技术水平的边际报酬率递减趋势越明显，即 $dC/dE < 0$。另一方面环境规制可能激励企业从事更多的绿色技术创新投入（$H_{CE} > 0$）。因此，当且仅当环境规制的替代作用超过补偿作用时，环境规制的干预将不利于企业增加技术创新投入。因此，由理论模型分析可知，环境规制与绿色技术创新效率之间存在复杂的非线性关系。下面将结合中国的数据实证分析现存的环境规制政策对绿色技术创新作用的实际效应。

二、绿色技术创新效率测度及其演变趋势

准确地测度绿色技术创新水平是本章研究的基础。基于第六章中绿色经济效率的测算方法，利用基于 SBM 方向性距离函数的 GML 指数来衡量绿色技术创新效率。首先将每个省（市、区）视为生产决策单元（DMU），假设每个 DMU 有 m 种投入 $x = (x_1, \cdots, x_m) \in R_+^m$，产生 n 种期望产出 $y = (y_1, \cdots, y_n) \in R_+^n$ 和 k 种非期望产出 $b = (b_1, \cdots, b_k) \in R_+^k$，则第 j 个省（市、区）第 t 期的投入和产出值可以表示为 $(x^{j,t}, y^{j,t}, b^{j,t})$，则构造出测算绿色技术创新效率的生产可能性集：

$$P^t(x^t) = \left\{ \begin{array}{l} (y^t, b^t) \mid \overline{x}_{jm}^t \geqslant \sum_{j=1}^{J} \lambda_j^t x_{jm}^t, \overline{y}_{jn}^t \leqslant \sum_{j=1}^{J} \lambda_j^t y_{jn}^t, \\ \overline{b}_{jk}^t \geqslant \sum_{j=1}^{J} \lambda_j^t b_{jk}^t, \lambda_j^t \geqslant 0, \forall m, n, k \end{array} \right\} \quad (7-8)$$

基于 Tone（2003）的研究，将非期望产出纳入模型，构建超效率 SBM 模型如下：

$$\rho^* = \min \frac{\dfrac{1}{m} \sum_{i=1}^{m} \dfrac{\overline{x}_i}{x_{i0}}}{\dfrac{1}{n+k} \left(\sum_{r=1}^{n} \dfrac{\overline{y}_r}{y_{r0}} + \sum_{l=1}^{k} \dfrac{\overline{b}_l}{b_{l0}} \right)}$$

$$s.\,t. \begin{cases} \overline{x} \geqslant \sum_{j=1,\neq 0}^{J} \lambda_j x_j, \\ \overline{y} \leqslant \sum_{j=1,\neq 0}^{J} \lambda_j y_j, \\ \overline{b} \leqslant \sum_{j=1,\neq 0}^{J} \lambda_j b_j, \\ \overline{x} \geqslant x_0, \overline{y} \leqslant y_0, \overline{b} \geqslant b_0, \overline{y} \geqslant 0, \lambda_j \geqslant 0. \end{cases} \quad (7-9)$$

式中，$\overline{x}$、$\overline{y}$、$\overline{b}$分别为投入、期望产出和非期望产出的松弛量；λ_j是权重向量，若其和为 1 表示规模报酬可变（VRS），否则表示规模报酬不变（CRS）；目标函数ρ^*越大表明越有效率。

其次，为了增强决策单元的可比性，绿色创新 GML 指数需要将这些当期生产可能性集替换为全局生产可能性集$P^g(x)$。参照 Oh（2010）的做法，设定全局生产可能性集为$P^g(x) = P^1(x^1) \cup P^2(x^2) \cup \cdots \cup P^T(x^T)$，即 T 期内，在整个生产集的观测数据中，设置一个单一的贯穿全局生产技术的参考生产前沿，则$P^g(x)$表示如下：

$$P^g(x^t) = \left\{ \begin{array}{l} (y^t, b^t) \,|\, x_{jm}^t \geqslant \sum_{t=1}^{T}\sum_{j=1}^{J} \lambda_j^t x_{jm}^t, y_{jn}^t \leqslant \sum_{t=1}^{T}\sum_{j=1}^{J} \lambda_j^t y_{jn}^t, \\ b_{jk}^t \geqslant \sum_{t=1}^{T}\sum_{j=1}^{J} \lambda_j^t b_{jk}^t, \lambda_j^t \geqslant 0 \end{array} \right\}$$

$$(7-10)$$

再次，构建全域 SBM 方向性距离函数。方向性距离函数可以得到生产可能性集最优解，进而可以较好地解决包含非期望产出的效率评价问题。设方向性向量为 $g = (g_y, g_b)$，$g \in R_+^n \times R_+^k$，全域方向性距离函数表示为：

$$\vec{D}^G(x, y, b; g_y, g_b) = \max\{\beta\,|\,y+\beta g_y, b-\beta g_b) \in P^G(x)\}$$

$$(7-11)$$

最后，基于全域 SBM 方向性距离函数的 GML 指数可表示为：

$$GML_t^{t+1}(x^t, y^t, b^t, x^{t+1}, y^{t+1}, b^{t+1}) = \frac{1 + \vec{D}^G(x^t, y^t, b^t; g_y^t, g_b^t)}{1 + \vec{D}^G(x^{t+1}, y^{t+1}, b^{t+1}; g_y^{t+1}, g_b^{t+1})}$$

$$(7-12)$$

参照 Chung 等（1997）的研究，进一步将 GML 分解为技术效率变化和技术变化，分解结果如下：

$$GML_t^{t+1} = \frac{1 + \vec{D}^G(x^t, y^t, b^t; g_y^t, g_b^t)}{1 + \vec{D}^G(x^{t+1}, y^{t+1}, b^{t+1}; g_y^{t+1}, g_b^{t+1})} \times$$

$$\frac{[1+\vec{D}^G(x^t, y^t, b^t; g_y^t, g_b^t)] / [1+\vec{D}^t(x^t, y^t, b^t; g_y^t, g_b^t)]}{[1+\vec{D}^G(x^{t+1}, y^{t+1}, b^{t+1}; g_y^{t+1}, g_b^{t+1})] / [1+\vec{D}^{t+1}(x^{t+1}, y^{t+1}, b^{t+1}; g_y^{t+1}, g_b^{t+1})]}$$

$$= GEC_t^{t+1} \times GTC_t^{t+1}$$

$$(7-13)$$

其中，GEC_t^{t+1} 和 GTC_t^{t+1} 大于（小于）1 分别表示从 t 到 $t+1$ 期效率改善（恶化）、技术进步（倒退）。

（一）变量选取及数据处理

本书测算的绿色技术创新效率是综合考虑生产要素投入、资源消耗和环境代价的综合创新效率，体现了创新驱动和绿色发展理念的融合。因此，将该模型命名为绿色技术创新效率模型。具体变量选取与数据来源如下。

1. 变量选取

需要考虑的投入产出变量为：

（1）投入要素。在研究技术创新效率时，一般采用人力资本和资金两个投入指标（官建成和陈凯华，2009）。因此，选取 R&D 人员与 R&D 资本存量作为投入要素。R&D 人员投入选用当期的 R&D 人员数来表征，R&D 资本存量参考吴延兵（2006）的方法，采用永续存盘法进行计算，具体方法如下：

$$K_{i,t} = I_{i,t} + (1 - \theta) K_{i,t-1} \qquad (7-14)$$

式中，$K_{i,t}$ 和 $K_{i,t-1}$ 分别表示 i 省（市、区）在 t 期和 t - 1 期的 R&D 资本存量，θ 为折旧率，本书取值为 10%，$I_{i,t}$ 为 i 省（市、区）在 t 期的实际 R&D 经费，本书借鉴朱平芳和徐伟民（2003）的研究方法，即 R&D 平减价格指数 = 0.45 × 固定资产投资价格指数 + 0.55 × 消费价格指数。假设 R&D 资本存量增长率与实际 R&D 经费的增长率保持一致，则基年资本存量的估算公式可表示为：

$$K_{i,0} = E_{i,0} / (\tau + \theta) \qquad (7-15)$$

式中，$K_{i,0}$、$E_{i,0}$ 分别表示基期的资本存量和实际 R&D 经费，τ 表示实际 R&D 经费的几何平均增长率，θ 为折旧率。根据数据的可得性，选取 2000 年为基期。

（2）期望产出。产品销售收入、专利、技术市场成交合同金额等指标是常用来衡量产出的指标。虽然专利是衡量技术创新的较好的指标（刘凤朝和沈能，2006），但其也存在一定缺陷。朱有为和徐康宁（2006）指出，专利申请数和专利授权数是把研发投入转化为知识产出，属于中间产出，并不能全面地反映企业研发努力的全部产出，而新产品销售收入则能很好地反映出研发成果的经济价值。基于以上考虑，同时选取代表创新知识产出的专利授权数和反映创新成果的商业化水平的新产品销售收入来衡量创新产出。其中，新产品销售收入利用消费者价格指数进行平减。

（3）非期望产出。绿色技术创新效率测度的关键是考虑能耗和污染的减少。选取单位 GDP 能耗、单位工业增加值工业固体废物产生量、单位工业增加值工业废气排放量、单位工业增加值工业废水排放总量来衡量。

2. 数据来源

本书选取中国除西藏外的 30 个省（市、区）2003 ~ 2013 年
与绿色技术创新效率测度的相关数据，数据主要来源于 2004 ~
2014 年的《中国统计年鉴》《中国科技统计年鉴》《中国环境统
计年鉴》《中国能源统计年鉴》。

（二）绿色技术创新效率的时空分异特征

1. 时序变化特征

利用 MaxDEA 软件测算了基于 SBM 方向性距离函数的 GML 指
数来衡量绿色技术创新效率。图 7 - 1 和表 7 - 1 均呈现了 2003 ~
2013 年我国绿色技术创新 GML 指数及其因素分解。

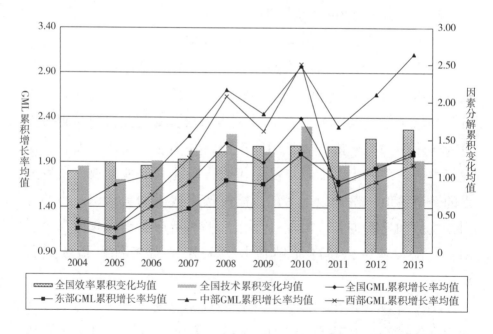

图 7 - 1　中国绿色技术创新 GML 指数及其分解因素的累积波动趋势

表 7 - 1　2003 ~ 2013 年中国绿色技术创新 GML 指数及其分解

年份	技术效率	技术进步	GML 指数
2003 ~ 2004	1.076	1.140	1.227
2004 ~ 2005	1.112	0.844	0.938
2005 ~ 2006	0.963	1.265	1.218
2006 ~ 2007	1.074	1.113	1.196
2007 ~ 2008	1.082	1.164	1.260
2008 ~ 2009	1.055	0.850	0.897
2009 ~ 2010	1.006	1.252	1.260
2010 ~ 2011	0.996	0.693	0.690
2011 ~ 2012	1.073	1.035	1.110
2012 ~ 2013	1.084	1.021	1.106
平均值	1.051	1.021	1.073

总体而言，各个省（市、区）的绿色技术创新效率呈波动上升趋势。全国 GML 累计增长率均值在 2010 年达到最高值，随后有所回落，自 2011 年以后开始回升。绿色技术创新 GML 指数年均增长 7.3%，虽然技术效率变动（5.1%）和技术进步变动（2.1%）都对增长做出了一定的贡献，但是技术效率是主要的推动力量，技术进步的作用偏低。

从指数分解情况来看：第一，纯技术效率在 2003 ~ 2006 年出现小幅下降之后，之后趋于稳步上升，但总体变化趋势不大；第二，技术进步变化波动较大，特别是 2008 年之后，处于震荡波动，但在 2012 年之后趋于稳定并有小幅提升；第三，绿色技术创新 GML 指数与技术进步指数走势基本一致，表明我国绿色技术创新效率的提升与技术进步密不可分。从以上结果来看，技术变动是制约我国绿色技术创新能力的主导因素，导致该结果的原因可能是长期粗放的经济增长方式使得创新发展相对低效。

2. 空间变化特征

为客观反映我国各省（市、区）绿色技术创新效率空间分布格局，将我国分为东部、中部和西部三大地区来进行分析。

表7-2呈现了分省（市、区）的绿色技术创新GML指数及
其分解情况。从绿色技术创新GML指数的算数平均值来看，相
对于西部地区而言，中、东部地区绿色技术创新GML指数较高
（均值）。从绿色技术创新GML指数的贡献来源来看，东部地区
主要是技术进步起作用，中部地区是纯技术效率与技术进步共同
起作用，西部地区则主要是纯技术效率变化起作用。

表7-2　2003~2013年分地区绿色技术创新GML指数及其分解

区域	省份	技术效率	技术进步	GML指数
东部地区	北京	0.994	1.186	1.179
	天津	1.043	1.025	1.068
	河北	1.050	1.016	1.067
	辽宁	1.049	1.023	1.073
	上海	0.950	1.041	0.989
	江苏	1.009	1.095	1.104
	浙江	0.991	1.010	1.000
	福建	0.988	1.009	0.997
	山东	1.001	1.095	1.097
	广东	0.977	1.029	1.005
	海南	0.961	1.009	0.969
中部地区	江西	1.135	1.038	1.178
	山西	0.940	1.100	1.034
	吉林	1.141	1.077	1.228
	黑龙江	0.925	1.070	0.990
	安徽	1.129	1.041	1.175
	河南	1.059	1.051	1.113
	湖北	1.104	1.034	1.142
	湖南	1.101	1.017	1.120

续表

区域	省份	技术效率	技术进步	GML 指数
西部地区	内蒙古	1.010	0.968	0.977
	广西	1.117	0.972	1.085
	重庆	1.017	0.982	0.999
	四川	1.137	1.028	1.169
	贵州	1.096	0.972	1.065
	云南	1.112	0.945	1.051
	陕西	1.107	1.104	1.222
	甘肃	1.254	0.917	1.150
	青海	1.062	0.893	0.948
	宁夏	1.157	0.872	1.009
	新疆	0.999	1.071	1.070

从 2013～2014 年绿色技术创新 GML 指数及其分解因素的空间分布来看，绿色技术创新 GML 指数大于 1 的高效率地区主要分布在中、西部地区（包括安徽、甘肃、广西、贵州、湖北、湖南、江西、吉林、宁夏、陕西、四川、云南等）。

从效率变动因素来看，中、西部地区整体高于东部地区。效率值小于 1 的地区主要分布在东部地区（包括东部地区的北京、福建、广东、海南、上海和浙江；中、西部地区的黑龙江、山西、新疆）。由此可知，对于东部地区来说，效率变动是拖累绿色技术创新能力增长的重要原因。

从技术变动因素来看，东部地区明显高于中、西部地区，西部地区的技术进步效率均值小于 1。具体而言，东、中部地区所有省（市、区）的技术变动均大于 1，绿色技术创新 GML 指数大于 1 的高效率地区也主要分布在北京、黑龙江、江苏、吉林、陕西、山东、山西等东、中部地区；技术进步效率小于 1 的地区全部分布在西部，包括重庆、甘肃、广西、贵州、内蒙古、宁夏、青海、云南等。这表明，技术进步不足是西部地区绿色技术创新能力不强的重要原因。

三、环境规制与绿色技术创新效率的实证研究

在科学测度绿色技术创新效率的基础上，本节旨在构建环境规制与绿色技术创新的计量模型实证检验环境规制与绿色技术创新效率之间的关系。

（一）模型构建及变量选择

1. 模型构建

相关文献已经检验了环境规制与技术创新之间存在非线性关系（张成等，2011；沈能和刘凤朝，2012；李玲和陶锋，2012；李斌和彭星，2016），绿色技术创新能力的提升有利于企业的清洁生产，进一步促进污染减排，从而有助于工业绿色转型（李斌等，2013）。因此，环境规制与绿色技术创新效率之间也存在非线性关系。此外，由于我国东部地区在经济结构、资源禀赋以及经济社会发展水平上与中、西部地区存在巨大差异，环境规制强度在空间上分布存在异质性（陈德敏和张瑞，2012），从而会对绿色技术创新效率以及经济绿色发展产生不同的影响。

为考察环境规制强度对中国绿色技术创新效率的影响，对基于波特假说以及探究两者非线性关系的现有文献进行分析发现，波特假说的动态效应通过滞后变量来实现（Lanoie et al.,

2001），而且，滞后项有助于克服遗漏变量所造成的估计有偏问题（王文普，2013b）。首先，考虑到内生性的影响以及模型的动态性和延续性，采用滞后一阶的变量来表示环境规制强度；其次，采用变量的单项式和多项式的形式来表示变量间可能存在的线性或者非线性的关系，即在模型中加入滞后一阶的环境规制的二次项和三次项。此外，基于 Grossman 和 Kruger（1991）和 Antweiler 等（2001）的开放经济条件下环境污染的一般均衡理论模型的基础上，将内生经济增长理论与环境污染模型结合，综合考虑规模、结构、技术以及贸易开放效应，并将这些因素作为控制变量，着重分析对考虑资源环境约束下的绿色技术创新的作用。同时，技术进步效应可以通过自主研发以及技术引进两个方面发挥作用，并考虑到自主研发和技术引进对绿色技术创新效率的提升作用存在一定时滞，因此，引入滞后一期的自主研发和技术引进变量来反映过去的技术创新活动对当期的绿色技术创新效率的影响：

$$GTI_{i,t} = \beta_0 + \beta_1 ER_{i,t-1} + \beta_2 (ER_{i,t-1})^2 + \beta_3 (ER_{i,t-1})^3 + \beta_4 Scale_{i,t} + $$
$$\beta_5 ES_{i,t} + \beta_6 KS_{i,t-1} + \beta_7 TS_{i,t-1} + \beta_8 TO_{i,t} + \mu_i + \varepsilon_{i,t} \quad (7-16)$$

式中，i 是省（市、区），t 为时期；$GTI_{i,t}$ 为被解释变量绿色技术创新效率，$ER_{i,t-1}$ 为滞后一期的环境规制，$Scale_{i,t}$ 为经济规模，$ES_{i,t}$ 为经济结构，$KS_{i,t-1}$ 和 $TS_{i,t-1}$ 分别为滞后一期的自主研发和技术引进，用来表征技术进步效应，$TO_{i,t}$ 用来衡量贸易开放效应；μ_i 为未观测到的个体效应，$\varepsilon_{i,t}$ 为随机扰动项。

2. 指标度量

基于 2004～2013 年的中国省际面板数据来进行实证检验，指标选取如表 7－3 所示。

表 7 - 3　变量说明及数据处理

变量性质	变量名称	变量含义	计算方法
被解释变量	*GTI*	绿色技术创新效率	由基于 SBM 方向性距离函数的 GML 指数计算得到
解释变量	*ER*	环境规制	综合指数法计算得来
	Scale	经济规模	剔除价格因素的人均 GDP
	ES	经济结构①	第二产业总产值占 GDP 的比重
	KS	自主研发知识存量	利用专利数据构造自主研发知识存量
	TS	国外技术引进量	采用永续盘存法计算国外技术引进存量
	TO	贸易开放度	进出口总额占 GDP 的比重

（1）绿色技术创新效率（*GTI*）。绿色技术创新效率采用在规模报酬可变情况下由基于 SBM 方向性距离函数的 GML 指数测算出来的效率值。

（2）环境规制（*ER*）。鉴于各类污染物的产生主要是源于能源消耗，尤其是化石能源消耗带来的废气、固体废弃物等，基于傅京燕和李丽莎（2010）、孙学敏和王杰（2014）的测算方法，选用单位 GDP 工业废水排放变化率和地区单位 GDP 能源消耗变化率构建综合指标来衡量环境规制强度，测算过程详见前文环境规制综合指数的测算步骤。

根据已有的研究基础选取的控制变量有：

（3）经济规模（*Scale*）。采用剔除价格因素的实际人均 GDP 来衡量，其中，以 1997 年为基期，利用 CPI 价格指数进行平减。经济规模反映了区域经济的发展水平，经济发展水平越高，用于技术创新的投入越高，因此，经济规模对绿色技术创新效率可能有一定的促进作用。

---

① 本章实证选取第二产业总产值占 GDP 的比重作为经济结构替代变量。第二产业总产值占 GDP 的比重更多地反映了产业结构，产业结构是经济结构的重要组成，不可否认的是，经济结构的内涵比较宽泛。但本书所选取的指标有其合理性，选取的控制变量经济结构主要考察在控制结构因素的条件下，核心解释变量环境规制对绿色技术创新效率的影响。因此，选取第二产业总产值占 GDP 的比重在一定程度上能够反映经济结构的构成。

（4）经济结构（*ES*）。基于王兵等（2010）的研究，用第二产业总产值占 GDP 的比重来表示。第二产业的总产值反映了工业企业的投入、产出及经济效益的情况，在一定程度上能反映我国经济发展结构。一方面，工业发展推动了相关产业的技术革新，提高了技术创新效率；另一方面，工业发展占用了大量的资源和能源，并带来了一系列的环境污染和资源浪费问题。因此，经济结构效应对绿色技术创新效率的影响存在不确定性。

（5）自主研发知识存量（*KS*）。知识存量是技术创新能力和潜力的重要衡量指标，这主要是由于一国、地区、行业或者企业所拥有的技术创新在很大程度上依赖于研发过程中的知识和经验积累（Griliches，1998）。现有研究大多采用 R&D 支出来构建知识存量，然而这种方法忽视了大多中小企业的非正式研发活动，同时低估了用于产品创新的 R&D 支出所产生的效益（杨芳，2013）。相较而言，专利能够较好地衡量技术创新产出。因此，采用专利数据来表征知识存量。借鉴 Popp（2001）、魏巍贤和杨芳（2010）的研究，综合考虑知识的陈腐率（旧知识的老化速度）和扩散率（技术扩散）[①]，具体方法如下：

$$K_{i,t} = \sum_{p}^{\infty} e^{-\alpha_1 p}(1 - e^{-\alpha_2(p+1)}) PAT_{i,p} \qquad (7-17)$$

式中，$K_{i,t}$ 为 i 省（市、区）在 t 年份的知识存量，α_1 为知识的陈腐化率，α_2 为知识的扩散率，PAT 为专利授权数，p 为从基期年份到当前年份的时间[②]。本书 α_1 采用蔡虹（2005）计算的陈腐率 36%[③]，扩散率 α_2 根据 Popp（2002）的研究，使用文献中

---

① Popp（2001）的研究指出，陈腐率即旧知识的老化速度，扩散率为技术扩散率。
② Popp（2001）将扩散率与 s+1 相乘，以确保当前年份的知识存量不为 0。
③ 蔡虹和许晓雯（2005）分别通过计算基数平均使用寿命的倒数和利用专利残存件数两种方法计算的知识陈腐化率为 7% 和 36%，而 Popp（2002）计算美国专利技术的平均陈腐化率为 44%，综合考虑，本书基于杨芳（2013）的研究，采用 36% 的陈腐化率。

常用的3%。基于给定的知识的陈腐化率和扩散率，即可得出某项新专利对当前年份的知识存量的影响是 $e^{-\alpha_1 p}$（$1 - e^{-\alpha_2(p+1)}$）。

（6）国外技术引进存量（TS）。该变量参考吴延兵（2006）的研究，运用永续盘存法来计算国外技术引进存量。考虑到省级技术引进的数据难以获得，采用国外技术引进合同金额（万美元）来衡量技术引进的力度，具体计算方法如下：

$$F_{i,t} = E_{i,t} + (1 - \vartheta) F_{i,t-1} \qquad (7-18)$$

式中，$F_{i,t}$ 和 $F_{i,t-1}$ 分别表示 i 省（市、区）在 t 期和 $t-1$ 期的国外技术引进存量；$E_{i,t}$ 为国外技术引进合同金额，以2000年为不变价，用各省（市、区）相应年份的固定资产投资价格指数平减成实际值；ϑ 为折旧率，参考吴延兵（2008）的研究取值为15%。进一步假设技术引进存量的增长率与实际增长率一致，即所有时期的技术引进支出的平均增长率为 g，已有研究多将之定为5%（杨芳，2013），则基期国外技术引进存量的估算公式可表示为：

$$F_{i,1} = E_{i,1}(1 + g) / (1 + \vartheta) \qquad (7-19)$$

式中，$F_{i,1}$、$E_{i,1}$ 分别表示基期的技术引进存量和实际国外技术引进经费支出。基于数据的可得性，选用2000年为基期。

（7）贸易开放度（TO）。采用外商进出口总额（境内目的地、货源地）占GDP的比重来衡量贸易开放程度。外商进出口总额的单位为亿美元，用每年的人民币兑美元的汇率并换算为亿元来计算。外商投资水平的提高一方面能带来较强的技术溢出效应；另一方面，跨国公司通过内部化等手段将关键技术"黑匣子化"，以加强对其核心技术的控制，可能对国内核心技术创新能力的提升产生某种替代甚至是挤出的负面效应（李晓钟和张小蒂，2008）。

3. 数据来源

本书所使用的数据来源于 2005～2014 年《中国统计年鉴》《中国环境年鉴》《中国能源统计年鉴》《中国科技统计年鉴》和各省（市、区）的统计年鉴。综合考虑数据的完整性以及统计口径的一致性，将数据缺失值较多的港澳台及西藏的统计数据从样本中剔除。因此，选用 2004～2013 年除港澳台及西藏以外的我国 30 个省（市、区）的面板数据来分析各变量对我国绿色技术创新效率的影响。各个变量的统计特征如表 7－4 所示。此外，由于中国各个地区的经济发展水平、产业结构以及资源禀赋等存在空间异质性，各个区域在环境规制、自主研发、技术引进和对外贸易等方面也有着明显的差距，因此，将 30 个省（市、区）划分为东、中、西三大区域进行分析。

表 7－4　各变量描述性统计分析

变量名称	样本数	均值	标准差	最小值	最大值
绿色技术创新效率（GTI）	300	0.467	0.339	0.062	1.264
环境规制（ER）	300	0.823	0.334	0.004	1.869
经济规模（Scale）	300	10313.700	9080.871	423.156	49410.340
经济结构（ES）	300	0.476	0.076	0.217	0.59
自主研发知识存量（KS）	300	51.255	75.017	0.460	417.686
国外技术引进存量（TS）	300	1.664×10^6	3.131×10^6	1.225×10^4	0.159×10^8
贸易开放度（TO）	300	0.345	0.427	0.036	1.778

（二）实证结果及分析

1. 实证检验方法

在正确设定模型和估计参数之前，需要对各个面板数据序列进行平稳性检验。本书应用 LLC（Levin，Lin & Chu t *）、IPS（Im，Pesaran and Shin W － stat）、ADF（ADF － Fisher Chi － square）和 PP（PP － Fisher Chi － square）分别进行面板数据序列

的平稳性检验（詹湘东和王保林，2015）。由表 7 - 5 可知，在对水平值进行检验时，除经济规模（*Scale*）的相伴概率均显著、经济结构（*ER*）的 IPS 检验不显著、贸易开放度（*TO*）的 IPS 和 ADF - Fisher 不显著外，各变量在不同检验方法下均在统计上显著，所以说明各变量为非平稳序列。在对差分值进行检验时，模型中的各回归变量在一阶差分的情况下均实现了平稳，除了 ΔES 的 IPS 检验在 5% 的显著水平上显著，其他检验均在 1% 的显著性水平上显著，所以一阶差分检验均不含有单位根，模型具有良好的平稳性。

表 7 - 5　数据平稳性检验

变量	检验方法			
	LLC	IPS	ADF	PP
GTI	− 8. 497 ***	− 1. 323 *	85. 514 **	87. 597 **
ER	− 13. 305 ***	− 6. 216 ***	147. 860 ***	127. 925 ***
Scale	7. 058	10. 635	6. 353	9. 993
ES	− 4194 ***	− 0. 166	80. 768 **	104. 748 ***
KS	− 7. 284 ***	− 2. 736 ***	124. 443 ***	156. 639 ***
TS	− 83. 365 ***	− 22. 451 ***	216. 948 ***	149. 048 ***
TO	− 4. 766 ***	− 0. 916	67. 283	81. 295 **
ΔGTI	− 19. 353 ***	− 8. 321 ***	190. 684 ***	206. 906 ***
ΔER	− 16. 493 ***	− 8. 367 ***	196. 659 ***	258. 746 ***
$\Delta Scale$	− 7. 862 ***	− 3. 356 ***	104. 151 ***	89. 220 ***
ΔES	− 7. 179 ***	− 2. 011 **	89. 141 ***	92. 237 ***
ΔKS	− 30. 174 ***	− 14. 946 ***	299. 263 ***	296. 299 ***
ΔTS	− 34. 990 ***	− 21. 185 ***	338. 412 ***	335. 116 ***
ΔTO	− 15. 135 ***	− 6. 338 ***	159. 218 ***	237. 019 ***

注：报告结果为 t 统计量；***、**、*分别表示估计值在 1%、5%、10% 的水平上显著；Δ 表示对序列数据进行一阶差分。

通过上文的面板单位根检验可知，模型的变量序列为一阶单整，因此需要进行协整检验以判断各个变量是否存在协整关系。本书采用 Kao 检验和 Pedroni 检验对面板序列数据进行检验，协整检验结果如表 7 - 6 所示。由 Kao 检验的结果可知，Kao 检验的 ADF 统计量在 1% 的统计水平上显著，表明面板数据的各个变量之间存在显著的协整关系。Pedroni 检验的结果表明，面板 PP 检验统计量在 1% 的水平上显著，表明变量间存在协整关系。

表 7 - 6 协整检验结果

检验方法	检验假设	统计量名	统计量值
Kao 检验	$H_0 : \rho = 1$	ADF	- 3. 207 ***
Pedroni 检验	$H_0 : \rho = 1$ $H_1 : (\rho_i = \rho) < 1$	Panel v - Statistic	- 3. 469
		Panel rho - Statistic	6. 393
		Panel PP - Statistic	- 3. 444 ***
		Panel ADF - Statistic	6. 577
	$H_0 : \rho = 1$ $H_1 : (\rho_i = \rho) < 1$	Group rho - Statistic	9. 407
		Group PP - Statistic	- 20. 654 ***
		Group ADF - Statistic	0. 508

注：报告结果为 t 统计量；*** 、** 、* 分别表示估计值在 1% 、5% 、10% 的水平上显著。

2. 结果及讨论

为了得出较为稳健的结论，本书基于 Liu 等（2000）的研究，采用不同的统计检验来选择最佳的估计方法。分别采用 F 检验、LM 检验和 Hausman 检验来比较混合回归、固定效应和随机效应模型的结果，选出最佳的估计模型。模型估计结果如表 7 - 7 所示：F 检验的 P 值为 0.000，在 1% 的显著水平上拒绝"采用混合回归"的原假设，即选择固定效应模型；LM 检验的 P 值为 0.000，强烈拒绝"不存在个体随机效应"的原假设，即随机效

应模型优于混合回归；Hausman 检验的 P 值为 0.0648，在 10%
的显著性水平上拒绝"采用随机效应模型"的原假设，即选择固
定效应模型的估计结果。

表 7 - 7　模型估计结果

变量	混合效应模型	固定效应模型	随机效应模型
RE_{t-1}	-0.322 (-0.73)	-1.020 *** (-3.90)	-0.981 *** (-3.79)
$(RE_{t-1})^2$	0.436 (0.83)	1.132 *** (3.65)	1.097 *** (3.57)
$(RE_{t-1})^3$	-0.157 (-0.83)	-0.379 *** (-3.37)	-0.369 *** (-3.30)
$Scale$	0.125×10^{-4} *** (6.55)	0.108×10^{-4} *** (4.26)	0.117×10^{-4} *** (5.83)
ES	0.549 ** (2.46)	0.249 (0.72)	0.324 (1.14)
KS_{t-1}	0.870×10^{-4} (0.34)	0.150×10^{-3} (0.86)	0.152×10^{-3} (0.89)
TS_{t-1}	-0.012 (-1.06)	-0.017 ** (-2.05)	-0.016 ** (-2.06)
TO	0.382 *** (8.89)	0.299 ** (2.51)	0.340 *** (4.81)
常数项	0.149 (0.73)	0.608 *** (2.87)	0.530 *** (2.75)
R^2	0.4927	0.5418	0.5478
样本数	270	270	270
检验统计量	F 检验：5.35 [0.0000] LM 检验：480.06 [0.0000] Hausman 检验：13.31 [0.0648]		

注：***、**、*分别表示估计值在 1%、5%、10% 的水平上显著；小括号内的数值为 t 统计量，中括号内为 P 值。

从表7-7的回归结果可以看出，R^2值为0.5418，表明总体模型拟合度较好。从整体来看，大部分变量的估计结果非常显著。同时，本书将30个省（市、区）分为东、中、西部三大区域进行分组检验环境规制对我国绿色技术创新效率影响的空间差异，估计结果如表7-8所示。具体分析如下：

表7-8　分地区模型估计结果

解释变量	东部地区	中部地区	西部地区	中、西部地区
RE_{t-1}	-2.527 *** (-4.71)	1.000 (0.90)	0.116 (0.53)	-0.175 (-0.66)
$(RE_{t-1})^2$	3.116 *** (4.10)	-1.674 (-1.14)	-0.118 (-0.48)	0.198 (0.66)
$(RE_{t-1})^3$	-1.112 *** (-3.43)	0.798 (1.34)	0.0317 (0.37)	-0.0673 (-0.64)
Scale	0.142×10^{-4} *** (4.91)	0.185×10^{-4} *** (3.36)	-0.578×10^{-5} (-1.17)	0.108×10^{-4} *** (2.95)
ES	0.930 * (1.82)	0.228 (0.40)	0.657 (1.60)	0.180 (0.52)
KS_{t-1}	0.478×10^{-3} (1.39)	0.234×10^{-3} (0.78)	-0.291×10^{-4} (-0.19)	0.372×10^{-4} (0.23)
TS_{t-1}	-0.039 *** (-2.79)	-0.035 ** (-2.54)	0.429×10^{-4} (0.01)	-0.017 ** (-2.25)
TO	0.405 *** (4.16)	-0.907 (-1.19)	0.0518 (0.23)	-0.122 (-0.45)
常数项	0.762 ** (2.24)	0.451 (0.98)	-0.982×10^{-2} (-0.04)	0.445 * (1.95)
样本数	99	72	99	171

注：***、**、*分别表示估计值在1%、5%、10%的水平上显著；括号内的数值为t统计量。

第一，滞后一期的环境规制与绿色技术创新效率之间呈N形关系，且均在 1% 的统计水平上显著。这与王杰和刘斌（2014）的研究结果相似，说明环境规制与绿色技术创新效率之间存在非线性关系。滞后一期的环境规制与当期的绿色技术创新效率显著负相关，其作用系数为 - 1.020。之所以会出现这一情况，一方面是由于在一国或地区的发展初期，当环境规制强度较弱时，环境成本相对较低，企业的创新动力不足，较弱的环境规制强度没有促进知识溢出，在一定程度上削弱了企业的绿色技术创新效率。另一方面，政府环境规制的实施会迫使企业对污染治理进行投资，改进或者引进先进的设备、工艺等以减少污染排放，这可能在一定程度上对用于绿色技术创新的资金产生挤出效应。滞后一期环境规制的二次项与绿色技术创新效率显著正相关，即随着环境规制强度的不断增加，环境规制能够激发企业进行绿色低碳技术创新，所产生的知识溢出效应能够倒逼企业加强环保技术升级，环境规制的技术创新效应能够部分或者全部抵消由于环境规制标准的提升而带来的成本，从而提升绿色技术创新效率，这验证了波特假说。但滞后一期环境规制的三次项显著地降低了绿色技术创新效率，说明环境规制强度的提升在长期内未能提高技术创新水平。随着环境规制强度继续加强，企业无力承受由环境规制所带来的高昂的治污成本，由环境规制所引致的遵循成本效应超过了引致创新效应，环境规制强度的进一步加大将会降低绿色技术创新效率。因此，合理的环境规制强度能够提升绿色技术创新效率。

此外，由于各个地区的环境规制水平存在差异，因而所呈现的环境规制的技术创新效应也会存在地区异质性。由表 7 - 9 可知，东部地区环境规制强度变量的一次项、二次项和三次项系数符号分别是负号、正号和负号，符合 N 形关系，并且通过了 1% 的显著性检验。而中、西部地区则与全国和东部地区的研究结果存在差异，两者之间呈现 N 形关系，且均不显著。环境规制在中西部并不显著的结论与沈能和刘凤朝（2012）、童伟伟和张建民（2012）的研究保持一致。这可能是由于中部和西部地区的环境规制实施较晚，起始的规制发展水平低于东部地区，在起初环境规制激发企业进行绿色低碳技术创新，引致创新效应超过了环境规制所引致的治污成本和管理成本；而当环境规制强度进一步加大后，环境规制所带来的成本效应超过了创新效应，削弱了绿色技术创新效率，但随着进一步加大规制强度，两者关系开始为正，但是不显著。这可能是随着环境规制强度进一步加强，达到与东部地区的环境规制强度一致的水平时，环境规制所带来的环境成本又会进一步阻碍技术创新。然而，将中部、西部地区合并进行分析时，环境规制与绿色技术创新效率之间符合 N 形关系，但是不显著。这同样说明了东部与中、西部地区环境规制强度存在异质性。

第二，经济规模与绿色技术创新效率之间显著正相关。经济规模的回归系数为正，且在 1% 的水平上显著。这与王海龙等（2016）的研究结论一致。对于不同区域来讲，除了西部地区外，其他地区的经济规模均在 1% 的显著性水平上促进绿色技术创新效率的提升。这说明了经济发展水平的提高有利于技术创新效率的提升。但西部地区的经济发展水平落后于东部和中部地区，其经济规模对绿色技术创新效率的提升作用并未显现。总体而言，各地区的经济发展水平与技术创新活动密切相关，这是影响中国绿色技术创新效率的重要因素。

第三，经济结构与绿色技术创新效率之间正相关，但是在统计上不显著。第二产业工业总产值占 GDP 的比重反映了我国工业发展水平，研究结构在一定程度上说明了我国工业发展模式的创新基础能力较为薄弱，不能显著地提升绿色技术创新效率。分地区而言，只有东部地区的经济结构与绿色技术创新效率显著正相关，其他地区的经济结构虽然与绿色技术创新效率正相关，但在统计意义上不显著。这说明了东部地区在发展工业的同时注重生产技术和清洁技术创新，从而提升了绿色技术创新效率。

第四，自主研发知识存量各变量的系数都为正，但是在统计意义上不显著，说明知识存量对提升绿色技术创新效率或多或少有促进作用。从分区域的检验来看，除西部地区外，其他区域的自主研发在绿色技术创新效率的提升方面均起到了不同程度的促进作用，但同样没有通过显著性水平检验。这说明自主研发对技术创新虽然有正向的促进作用，但自主研发与创新的成果转化能力较弱。

第五，国外技术引进存量与绿色技术创新效率显著负相关，且在5%的显著性水平上显著。分区域来看，除了西部地区的技术引进存量对绿色技术创新效率起到促进作用外，在其他区域，两者之间均呈现显著的负相关关系。两者显著负相关可能是由于自主研发对国外引进技术的吸收能力较弱，而且产生了逆向的技术扩散效应，从而抑制了国内清洁技术的创新。此外，也可能是由于引进的国外技术并非是清洁技术偏向的，在促进节能减排等绿色技术创新方面并未起到关键作用。而西部地区的国外技术引进合同金额的增加在一定程度上提高了其技术创新水平，这可能是由于西部地区技术创新水平相对落后，引进的国外技术大多被消化吸收，因此，在一定程度上可能对绿色技术创新效率起到了不显著的促进作用。

第六，贸易开放程度的回归系数为正，且在5%的显著性水平上显著，说明绿色技术创新能力具有正的开放效应，这与Dimelis 和 Lois（2002）的研究成果一致，对外贸易开放度对我国绿色技术创新效率产生正向影响，通过技术外溢效应来影响国内的技术进步，并最终作用于绿色技术创新能力。从不同区域层面来看，贸易开放效应对不同区域的绿色技术创新效应的影响存在空间异质性，对东部地区的推动作用尤其突出，明显高于中、西部地区。这可能是由于东部地区在经济发展水平、市场化进程、体制改革、科研资源投入以及科技进步环境等方面优于其他地区，从而导致其技术吸收和转化能力相对较强。此外，外商直接投资多在东部沿海地区的区位集聚也进一步对东部地区的技术创新能力提升起到促进作用。而中部地区的进口贸易对技术引进的作用不明显，回归系数为负，但不显著，说明一方面，产生的技术外溢没有被本土企业很好地吸收；另一方面，中部地区通过进口贸易进口的商品多停留在创新性相对较低的实用新型专利以及外观设计专利等科技产出上，加之跨国公司及其母国采用严格的措施来控制技术外溢，仅通过贸易开放很难提升核心技术创新能力甚至存在挤出效应的隐患。西部地区进口贸易对技术引进的作用不明显，虽然回归系数为正，但并不显著。这与潘文卿（2003）的研究基本一致，说明了现阶段西部地区经济发展水平还未跨过对外贸易起积极作用的门槛，通过进口贸易来提升技术创新效率的作用不明显。

3. 稳健性检验

为了进一步验证模型估计结果的可靠性，本书进行了一系列的稳健性检验：第一，采用规模报酬可变（VRS）情况下的 GML 累积增长率来衡量绿色技术创新能力；第二，考虑到核心解释变量环境规制强度的测算对于模型的估计结果十分重要，为了检验本书所选方法的稳健性，选取已有文献中较为常用的工业污染治理当年投资完成额占 GDP 的比重作为环境规制的替代变量；第三，鉴于已有研究对贸易开放度是否能够促进技术创新存在争议，上文的回归结果显示两者显著正相关，为了进一步检验所选指标的稳健性，采用外商投资企业注册登记投资总额①占 GDP 的比重来检验其关系是否仍然成立。因此，在考虑指标的相对合理性和数据的可得性基础上，回归结果如表 7-9 所示。

表 7-9　稳健性检验结果

解释变量	被解释变量 GTI2		
	固定效应		
REG_{t-1}	-6.986 ** (-2.23)	-4.921 ** (-2.23)	-5.559 ** (-2.48)
$(REG_{t-1})^2$	17.49 ** (2.21)	10.07 * (1.85)	11.87 ** (2.15)
$(REG_{t-1})^3$	-11.54 ** (-2.13)	-6.252 * (-1.71)	-7.430 ** (-2.00)
$Scale$	0.408 *** (3.00)	0.758 *** (3.24)	0.753 *** (3.82)
ES	0.662 (0.48)	10.68 *** (4.11)	5.911 *** (2.80)
KS_{t-1}	0.000163 (0.10)	0.00127 (1.04)	0.000951 (0.78)
TS_{t-1}	-0.0698 (-0.96)	-0.0921 * (-1.65)	-0.102 * (-1.81)
FDI	-0.686×10^{-4} *** (-4.61)	0.569×10^{-4} (1.37)	-0.334×10^{-4} (-1.16)
常数项	0.087 (0.06)	-8.297 *** (-4.01)	-5.316 *** (-2.84)

① 外商投资企业注册登记投资总额的单位为亿美元，利用分地区年平均货币汇率换算成亿元。

续表

解释变量	被解释变量 GTI2		
	固定效应		
样本数	270	270	270
检验统计量	F 检验：F = 8.82 ［0.0000］ LM 检验：317.42 ［0.0000］ Hausman 检验：17.14 ［0.0648］		

注：＊＊＊、＊＊、＊分别表示估计值在 1%、5%、10% 的水平上显著；小括号内的数值为 t 统计量，中括号内为 P 值。

稳健性检验的结果基本与表 7 – 9 的回归结果一致，环境规制与绿色技术创新效率呈倒 N 形关系，但不显著，其他控制变量的显著性与作用方向均与表 7 – 9 的回归结果基本一致。环境规制的三次项与绿色经济效率之间的影响呈 N 形关系，除了贸易开放度对绿色技术创新效率的正向影响的显著性略有下降外，经济规模、经济结构、自主研发存量和国外技术引进存量的方向与显著性和上述研究结果基本保持一致。因此，本书设定的模型的回归结果比较稳健。

四、本章小结

本章首先构建了环境规制与绿色技术创新的理论分析模型，运用 2003 ~ 2013 年中国省际面板数据，采用 SBM 方向性距离函数的 GML 指数测算了考虑非期望产出的中国绿色技术创新效率，并着重分析了环境规制对我国绿色技术创新效率的非线性关系。

157

得出结论如下：中国绿色技术创新 GML 指数整体上呈现增长的趋势，技术进步是其变动的关键因素。我国环境规制强度与绿色技术创新效率之间符合 N 形关系；经济规模、经济结构、贸易开放度对绿色技术创新效率有显著的促进作用，但自主研发知识存量对绿色技术创新效率的提升作用并不显著，国外技术引进存量显著降低了绿色技术创新效率。分地区来看，东部地区的情况与全国水平的研究结论在方向与显著性上基本保持一致，东部地区的环境规制强度与绿色技术创新效率之间呈倒 N 形关系，而环境规制、经济规模、自主研发、国外技术引进和对外贸易对绿色技术创新效率的影响在中、西部地区表现出地区差异性。造成该现象的主要原因可能是由于各区域间经济发展水平、资源禀赋、技术发展水平以及技术创新能力的差异。

第八章

环境规制与绿色经济增长：
基于产业结构优化视角

本章从产业结构优化的角度来实证检验环境规制对绿色经济增长的影响。首先，采用改进的非均衡增长模型构建了分析环境规制与产业结构优化的理论模型；然后利用省际面板数据构建非线性面板回归模型，检验环境规制政策对产业结构优化的作用，并考察不同区域的环境规制对产业结构优化作用的空间差异性。

一、环境规制与产业结构优化的理论模型

环境规制通过怎样的作用机制影响产业结构优化？本章通过探讨生产部门的行为决策如何随着环境规制的变化而变化，从而使生产要素投入发生变化，使企业调整生产行为来适应生产要素价格的变动。本章在 Baumol（1967）的研究基础上构建非均衡增长模型，分析产业结构优化调整如何受到环境规制的影响。由于产业结构的本地升级可以看作是生产过程中所采用的污染型要素相对于清洁型

要素比重的下降（钟茂初等，2015）。因此，虽然 Baumol（1967）的模型假设经济分为工业部门和服务业部门，但本书假定部门 1 为污染型生产部门（简称污染部门），部门 2 为清洁型生产部门（简称清洁部门）。污染部门的劳动生产率是固定不变的，即污染部门不存在技术进步；清洁部门是技术进步的结果，假定清洁部门的技术进步率为 γ。为了简化分析，本章的模型假定只有劳动一种投入要素，用 L 表示，则污染部门和清洁部门的生产函数为：

$$Y_{1t} = aL_{1t}^{\gamma} \qquad\qquad (8-1)$$

$$Y_{2t} = \varphi(b)L_{2t}^{\gamma}e^{rt} \qquad\qquad (8-2)$$

在式（8-1）和式（8-2）中，$0 < \gamma < 1$，假设经济中要素投入规模保持不变，即不存在随着时间变化的经济增长。为了便于分析，将劳动要素 L 设为 1，则对任意的 t 可得 $L_{1t} + L_{2t} = 1$，同时假定劳动力能够在两部门间自由流动。环境规制是政府对资源配置进行干预的手段，通过抑制高污染、高耗能和低附加值的污染产业的发展，使资源从污染型生产部门向清洁部门转移，从而促进清洁部门的发展。在本节分析中，假定 b 为经济中环境规制强度的度量，$\varphi(b)$ 为技术进步函数，$0 < \varphi(b) < 1$，$\varphi'(b) > 0$，即环境规制 b 越大，$\varphi(b)$ 越高。由清洁部门的生产函数式（8-2）可知，当其他条件不变时，环境规制强度越高，清洁部门的产出就越大。

由于劳动力能够在两部门间自由流动，因此，均衡时两部门必然具有相同的工资水平为 w_t。此时，污染部门和清洁部门的一阶条件为：

$$raL_{1t}^{\gamma-1} = w_t \qquad\qquad (8-3)$$

$$r\varphi(b)L_{2t}^{\gamma-1}e^{rt} = w_t \qquad\qquad (8-4)$$

由式（8-3）和式（8-4）可得：

$$L_{2t} = (a^{-1}\varphi(b)e^{rt})^{\frac{1}{1-\gamma}}L_{1t} \qquad\qquad (8-5)$$

对于任意的 t 有 $L_{1t} + L_{2t} = 1$，结合式（8-5），可得：

$$L_{1t} = \frac{1}{1+A} \tag{8-6}$$

$$L_{2t} = \frac{A}{1+A} \tag{8-7}$$

$$w_t = a\gamma(1+A)^{1-\gamma} \tag{8-8}$$

其中，$A = (a^{-1}\varphi(b)e^{rt})^{\frac{1}{1-\gamma}}$，假定其他条件不变，环境规制强度和技术进步率的增加会导致 A 随之增加。

因此，由式（8-6）、式（8-7）和式（8-8）可得，由于存在技术进步，整体经济的工资水平不断增加；同时两部门技术存在差异，劳动力会逐渐从低效率的部门向清洁部门流动。

由于模型假定经济中仅有一种投入要素，支付给单位劳动的工资即为生产的边际成本，因此，两部门的产出比与劳动的投入比严格相关：

$$\frac{Y_2}{Y_1} = \frac{L_2}{L_1} = A = (a^{-1}\varphi(b)e^{rt})^{\frac{1}{1-\gamma}} \tag{8-9}$$

根据式（8-9）结合以上分析，随着技术进步不断加强，两部门间出现不平衡增长，污染部门的产出和就业占比不断降低，清洁部门的产出和就业占比不断增加。因此，环境规制的存在会提高清洁部门相对于污染部门的比重，从而促进产业结构优化调整。

二、产业结构优化指数测度及其演变趋势

在分析环境规制与产业结构优化之间的关系前，首先对产业

结构优化的测度进行分析。准确地测度产业结构优化指数关乎实证检验的科学性，是环境规制与产业结构优化的实证研究基础。下面将对产业结构优化指数的测度方法及测度结果进行分析，为实证检验做好铺垫。

（一）测度方法

如何准确地测度一国或地区产业结构优化水平是研究产业结构调整与绿色经济增长的关键，选取衡量指标的好坏直接关系实证结果的准确性和可信度。

学者从不同的研究视角给出了测度方法：一是从三次产业转移的视角。大多数研究以配第—克拉克定理为基础，采用非农业产值的比重来衡量产业结构。而于斌斌（2015）不赞同这种观点，认为产业结构高级化主要用来测度产业结构优化升级，"经济结构服务化"是产业结构升级的重要特征，因此采用第三产业与第二产业的产值比来反映产业结构高级化水平。干春晖等（2011）也采用相同方法来衡量产业结构优化的程度。相似地，张翠菊和张宗益（2015）选取第二、第三产业之和与GDP的比值来反映产业结构升级的水平。但是这种方法过分强调了发展第二、第三产业，忽视了产业结构优化的实质是生产要素从生产率低的产业部门转移到生产率高的部门，是资源的优化配置。二是从产业增加值占比的视角。将各产业增加值占GDP的比重作为衡量产业结构调整的指标，但这种方法虽然能够在一定程度上反映产业结构的变动，但是代理指标相对单一，代表性不足。三是从产业专业化分工视角。周昌林和魏建良（2007）认为，分工与专业化是产业结构演进的决定性因素，他们从专业化分工的角度设计了产业结构水平的测度模型，采用不同产业部门在整个产业结构系统产出中所占的比例与劳动生产率的乘积作为产业水平的衡量指标。这种方法仅仅从三次产业的劳动力结构角度分析，指标的代表性不足。四是从新兴产业或者高生产性（技术）行业视角。采用这些产业的成长状况来衡量产业结构调整水平量（庞瑞芝和李鹏，2011；张同斌和高铁梅，2012）。邬义钧（2006）认为，可以用附加价值溢出量、产业高加工化系数（深加工、高新技术和高资本含量的产业占制造业比重的变化）、结构效益系数和结构效应链分析来评价产业结构的优化水平。但这种方法过分强调新兴和高技术行业的发展，弱化了其他产业对经济增长的贡献作用。五是从构建综合指数视角。较多的学者通过构建一种综合指数法来衡量产业结构优化。黄亮雄等（2013）从数量（比例关系）的增加和质量（生产率）的提高两方面构建产业结构高度化指数以衡量地区产业结构的本地升级。樊福卓（2013）提出了一种改进的、用于多地区模型产业结构的相似指数（王志华和陈圻，2006）。

　　总体而言，虽然国内学者给予产业结构调整较多关注，但系统性度量和分析仍相对缺乏。相较而言，综合指数法能够避免指标单一而带来的结果偏误，因而受到更多学者的青睐。本章借鉴黄亮雄等（2013）、钟茂初等（2015）的研究，采用综合指标（ISO）来衡量地区产业结构的优化升级，具体如下：

$$ISO_{i,t} = \sum_{w=1}^{w} S_{i,w,t} \times F_{i,w,t} \qquad (8-10)$$

　　式中，$S_{i,w,t}$为w产业的增加值占所有产业总增加值的比重，$F_{i,w,t}$为i地区t时间w产业的生产率。DEA–Malmquist指数法是国内相关研究中较为常用的测算生产率的方法，本书采用基于SBM方向性距离函数的GML指数来衡量不同行业的生产率。所计算出来的产业结构优化指数越大，则意味着地区产业结构的优化和升级程度越高。

（二）变量选择与数据处理

生产投入要素一般有资本存量和劳动力，而产出一般为产业增加值。具体的变量选取以及数据处理方法如表8－1所示。投入要素选取资本与劳动力两种要素，资本要素利用资本存量替代，利用以1952年为基年的固定资产投资价格指数平减；劳动力投入要素选择城镇就业人口数表征；产出要素选择利用CPI指数平减（2002年为基年）的工业增加值表征。

表8－1　产业结构优化指数测算的指标选取与数据处理

要素类别	要素名称	指标选取	数据处理
投入要素	资本	资本存量（分行业）	固定资产投资价格指数平减（1952年为基年）
	劳动力	城镇就业人口数（万人）	—
产出要素	产值	增加值（亿元）	利用CPI指数平减（2002年为基年）

目前，鲜有研究测度分行业的资本存量，特别是关于基年的资本存量的确定尤为困难。根据国民经济行业分类与代码（GB/4754—2011）和《国民经济行业分类》（GB/T4754—2002），本书将所有行业划分为农林牧渔业、工业、建筑业、批发和零售业、交通运输、仓储和邮政业、住宿和餐饮业、金融业、房地产业和其他行业9个行业，涉及行业划分调整的数据处理采用陈诗一（2011）的方法处理。具体而言，本书分两步来计算分行业的资本存量：

第一步，假设各行业资本存量的增长率与实际投资增长率一致，则基年的资本存量的估算公式可表示为：

$$K_{i,0} = I_{i,0}/(\tau + \upsilon) \tag{8-11}$$

式中，$K_{i,0}$、$I_{i,0}$分别表示i行业基期的资本存量和实际投资，τ表示实际投资的几何平均增长率，υ为折旧率。综合考虑数据的可得性及行业分类等因素，本节选取 2003 年为基年，折旧率选用 9.6%，测算出各地区各行业基年的资本存量，加总后得出该行业资本存量占本地区资本存量的比例。

第二步，根据张军等（2004）的研究，利用第一步计算出来的比例，以各地区 2003 年资本存量及基年的资本存量分别计算出各地区 2003 年各行业的基本存量，并进一步参照张军等（2004）的方法计算 2004~2013 年各地区、各行业的资本存量。

劳动投入选用各地区各行业城镇就业人员数（万人）作为劳动投入变量，产出要素采用各地区各行业的不变价格（以 2002 年为基期）增加值作为产值的代理变量。

（三）演变趋势

根据上述研究公式，根据基于 SBM 方向性距离函数的 GML 指数测算出产业结构优化指数，鉴于规模报酬可变（VRS）条件下的效率测度更能反映不同区域间的差异，本书选取规模报酬可变情况下的产业结构优化指数进行分析。同时，鉴于我国各区域间在经济发展水平、产业结构、资源禀赋等方面存在的差异，本书将我国分为东部、中部和西部三大地区来分析不同区域产业结构优化变动的时空分异状况。图 8-1 呈现了 2004~2014 年全国和分区域的产业结构优化指数累积增长率均值的演变趋势。总体而言，整个研究时期的产业结构优化 GML 指数累积增长率均大于 1，至 2014 年平均累积增长 7.526%，说明我国的产业结构优化指数均呈现上升的趋势。具体来看，产业结构优化指数在 2008 年之前呈现直线上升，在 2008 年之后累积增长速度有所减缓，但在 2012 年以后出现了下滑的趋势。到 2013 年，东部地区又出现了小幅上升的趋势，中部、西部地区的上升幅度则不明显。分区域来看，东部地区的产业结构优化水平最高，明显高于全国水平，并且优于中部和西部地区。

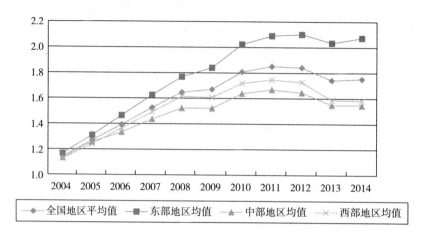

图 8 - 1　2004 ~ 2014 年产业结构优化指数年平均变动趋势

为了进一步分析我国不同省（市、区）产业结构优化情况的空间分布状况，表 8 - 2 呈现了各省（市、区）主要年份的产业结构优化指数的变动及排名情况的空间分布。在研究期初（2003 ~ 2004 年），产业结构优化 GML 指数变动均大于 1，河南、江苏、山东、河北、上海等中、西部地区的省（市、区）的产业结构优化指数位于前列，但是东部沿海地区的产业结构优化指数却较低。在研究期中（2008 ~ 2009 年），青海、云南、山西、安徽、黑龙江等 13 个省（市、区）的产业结构优化 GML 指数变动低于 1，这些无效率的地区多分布在中、西部地区。产业结构优化指数变动的排名也发生了变化，研究期初排名较靠前的河南、河北、上海等地区的产业结构优化指数变动出现了下降，而天津、山东的产业结构得到了优化。在研究期末（2013 ~ 2014 年），仍有宁夏、海南、福建、甘肃、山西、安徽等 14 个省（市、区）的产业结构优化指数出现了下降，这些低于 1 的省（市、区）大多

表 8 - 2　各省（市、区）主要年份产业结构优化指数排名

区域	省份	2003~2004 年	排名	2008~2009 年	排名	2013~2014 年	排名
东部地区	天津	1.173	7	1.068	2	1.076	1
	山东	1.342	3	1.085	1	1.033	3
	江苏	1.344	2	1.067	3	1.029	4
	上海	1.203	5	1.008	17	1.022	6
	广东	1.145	11	1.032	10	1.021	7
	辽宁	1.002	30	0.988	21	1.013	12
	北京	1.124	16	1.029	11	1.011	14
	河北	1.319	4	1.044	6	1.004	16
	浙江	1.089	22	1.019	13	0.987	19
	福建	1.055	27	1.038	8	0.960	28
	海南	1.036	28	0.971	25	0.955	29
中部地区	湖南	1.086	23	0.986	22	1.022	5
	河南	1.362	1	1.049	5	1.019	8
	湖北	1.062	26	1.026	12	1.017	9
	吉林	1.160	9	1.032	9	0.991	18
	江西	1.080	24	0.989	20	0.986	20
	黑龙江	1.115	19	0.963	26	0.986	21
	安徽	1.080	25	0.958	27	0.973	25
	山西	1.116	18	0.953	28	0.970	26
西部地区	四川	1.130	13	1.015	14	1.046	2
	广西	1.105	21	0.993	19	1.017	10
	内蒙古	1.154	10	1.064	4	1.013	11
	重庆	1.034	29	1.012	15	1.012	13
	陕西	1.184	6	1.040	7	1.005	15
	贵州	1.127	15	1.008	16	0.994	17
	新疆	1.119	17	0.978	23	0.984	22
	云南	1.137	12	0.944	29	0.978	23
	青海	1.129	14	0.867	30	0.974	24
	甘肃	1.161	8	0.996	18	0.965	27
	宁夏	1.115	20	0.971	24	0.930	30

分布在中、西部地区。产业结构优化指数增长率较高的分布在天津、四川、山东、江苏、湖南、上海、广东等地区，这些地区大多属于东部地区，这也解释了东部地区的整体累积增长率高于全国、中部、西部地区的水平。

三、环境规制与产业结构优化的实证分析

上述理论模型分析了环境规制对产业结构调整的影响，但它是否真正促进了我国产业结构的优化还需通过实证检验。为了探究环境规制对产业结构优化的影响在不同发展时期以及不同研究区域的差异，本书拟采用 2004～2013 年省级面板数据对两者之间的关系进行实证分析。

（一）模型构建

本节从环境规制—产业结构优化—绿色经济增长的作用路径出发，以产业结构优化指数为被解释变量、环境规制为核心解释变量，同时引入环境规制的二次项和三次项来验证环境规制对产业结构优化的非线性影响，探究环境规制强度的变动是如何影响产业结构优化指数的变动。此外，为了能够更加准确地分析环境规制对产业结构优化的影响，尽可能地防止由遗漏变量导致模型设定的偏差，进而影响估计结果的准确性，因此需要在模型中加入其他控制变量。基于开放经济条件下的环境污染模型，经济结构、经济规模以及贸易开放效应对经济增长和环境保护起到重要作用（Kogan et al.，2005）。因此，本书将其作为控制变量着重

分析对考虑资源环境约束下的产业结构优化的作用。具体构建的模型如下：

$$ISO_{i,t} = \alpha_0 + \alpha_1 ER_{i,t} + \alpha_2 ER_{i,t}^2 + \alpha_3 ER_{i,t}^3 + \alpha_4 ES_{i,t} +$$
$$\alpha_5 Scale_{i,t} + \alpha_6 Open_{i,t} + \mu_{i,t} + \varepsilon_{i,t} \tag{8-12}$$

式中，i 为省（市、区），t 为年份。$ISO_{i,t}$ 为产业结构优化指数，$ER_{i,t}$ 为环境规制，$ES_{i,t}$ 为经济结构，$Scale_{i,t}$ 为经济规模，$Open_{i,t}$ 为经济开放度，$\mu_{i,t}$ 为不可观测的不随时间变化的影响因素，而 $\varepsilon_{i,t}$ 为误差项。

（二）指标选取与数据处理

1. 被解释变量

产业结构优化指数由基于 SBM 方向性距离函数的 GML 指数测算得来，选取在规模报酬可变（VRS）情况下的 GML 指数。

2. 解释变量

环境规制（ER）采用实际执行"三同时"项目环保投资总额占工业增加值的比重来表征。执行"三同时"项目是我国环境规制政策的典型代表，《建设项目环境保护管理办法》（1986 年修订版）进一步明确，从事对环境有影响的建设项目"都必须执行'三同时'制度"。因此，在考虑指标的相对合理性和数据可得性的基础上，选择实际执行"三同时"项目环保投资总额占工业增加值比重来能够较好地衡量环境规制的强度。

3. 其他控制变量

经济结构（ES）用工业增加值占 GDP 的比重表示[①]。经济规模（Scale）用人均地区生产总值表示，名义 GDP 使用相应的消

[①] 选用工业产值占 GDP 的比重作为经济结构的替代变量。虽然经济结构有更宽泛的概念，但作为控制变量，本书选取的指标在一定程度上能够反映经济结构的构成。

费者价格指数平减为以 1997 年为基期的实际值。GDP 能较好地反映我国各地区的经济总量，经济规模的扩大能够减轻产业结构调整给实体经济带来的冲击，为产业结构优化提供了更加有利的经济基础和社会生存环境。经济开放度（*Open*）用外商直接投资占 GDP 的比重来表示，外商直接投资数据采用当年平均汇率换算成人民币。FDI 的流入能够带来很强的技术溢出效应，但是也有学者指出"污染天堂"假说可能存在，即污染企业会倾向于在环境标准相对比较低的国家建立，导致环境污染加剧。因此，两者的关系是促进还是抑制存在不确定性。

本书采用 2004～2013 年我国除西藏、台湾、香港和澳门以外的 30 个省（市、区）的相关数据进行分析。数据均来源于 2005～2014 年的《中国统计年鉴》《中国环境年鉴》《中国劳动统计年鉴》《中国工业经济统计年鉴》以及 EPS 数据库。

（三）实证检验方法

在正确设定模型和估计参数之前，需要对各个面板数据序列进行单位根检验。本书应用 LLC（Levin, Lin and Chu t*）、IPS（Im, Pesaran and Shin W – stat）、ADF（ADF – Fisher Chi – square）和 PP（PP – Fisher Chi – square）分别进行面板数据的平稳性检验。如表 8 – 3 所示，在对水平值进行检验时，环境规制的水平值的相伴概率均小于 1%，其他变量的部分检验方法的概率大于 5%，说明各变量为非平稳序列；接着对各变量进行一阶差分，此时各回归变量均实现了平稳，其相伴概率都低于 1%，即通过了面板单位根检验。因此，本节将各变量纳入回归模型。

通过面板单位根检验可知，模型的变量序列为一阶单整。因此，需要进行协整检验以判断各个变量是否存在协整关系。本书采用 Kao 检验和 Pedroni 检验对面板序列数据进行检验，协整检验

表8-3 面板单位根检验结果

变量	检验方法			
	LLC	IPS	ADF	PP
ISO	-3.557 (0.002)	0.601 (0.7259)	53.789 (0.7007)	72.576 (0.1279)
ER	-16.949 (0.0000)	-4.225 (0.0000)	110.187 (0.0001)	113.953 (0.0000)
ER^2	-101.767 (0.0000)	-22.145 (0.0000)	135.926 (0.0000)	135.273 (0.0000)
ER^3	-518.418 (0.0000)	-97.462 (0.0000)	160.541 (0.0000)	159.345 (0.0000)
ES	-6.429 (0.0000)	-2.719 (0.0033)	96.542 (0.0019)	150.932 (0.0000)
Scale	-21.082 (0.0000)	-10.667 (0.0000)	228.511 (0.0000)	204.129 (0.0000)
Open	-4.499 (0.0000)	-0.851 (0.1973)	82.006 (0.0311)	97.344 (0.0016)
ΔGEE	-21.080 (0.0000)	-10.938 (0.0000)	235.636 (0.0000)	351.172 (0.0000)
ΔRE	-25.049 (0.0000)	-12.710 (0.0000)	258.862 (0.0000)	318.400 (0.0000)
ΔRE^2	-31.751 (0.0000)	-15.769 (0.0000)	267.863 (0.0000)	342.144 (0.0000)
ΔRE^3	-110.578 (0.0000)	-27.849 (0.0000)	264.004 (0.0000)	351.061 (0.0000)
ΔES	-13.476 (0.0000)	-6.055 (0.0000)	152.910 (0.0000)	179.712 (0.0000)
$\Delta Scale$	-35.109 (0.0000)	-13.668 (0.0000)	260.565 (0.0000)	294.028 (0.0000)
$\Delta Open$	-18.132 (0.0000)	-10.568 (0.0000)	235.584 (0.0000)	274.540 (0.0000)

注：报告结果为 *t* 统计量，括号内的数值为 *P* 值；＊＊＊、＊＊、＊分别表示估计值在1%、5%、10%的水平上显著；Δ表示对序列数据进行一阶差分。

结果如表 8-4 所示。由 Kao 检验的结果可知，Kao 检验的 ADF 统计量在 1% 的统计水平上显著，表明面板数据的各个变量之间存在显著的协整关系。Pedroni 检验的结果表明，Panel PP 和 Group PP 检验统计量在 1% 的水平上显著，即所有变量序列之间存在协整关系。

表 8-4　协整检验结果

检验方法	检验假设	统计量名	统计量值
Kao 检验	$H_0: \rho = 1$	ADF	-2.361^{***}
Pedroni 检验	$H_0: \rho = 1$ $H_1: (\rho_i = \rho) < 1$	Panel v – Statistic	3.153
		Panel rho – Statistic	6.954
		Panel PP – Statistic	-6.46^{***}
		Panel ADF – Statistic	2.543
	$H_0: \rho = 1$ $H_1: (\rho_i = \rho) < 1$	Group rho – Statistic	9.176
		Group PP – Statistic	-15.400^{***}
		Group ADF – Statistic	1.578

注：报告结果为 t 统计量，$***$、$**$、$*$ 分别表示估计值在 1%、5%、10% 的水平上显著。

（四）模型估计结果与讨论

本书利用 STATA 14.0 软件对模型进行回归。为了得出较为稳健的结论，基于 Liu 等（2000）的研究，分别采用 LM 检验、F 检验和 Hausman 检验来比较混合回归、固定效应和随机效应模型的结果，选出最佳的估计模型。模型估计结果如表 8-5 所示，LM 检验、F 检验和 Hausman 检验的 P 值分别为 0.0000、0.0000 和 0.0006，均在 1% 的显著水平上拒绝原假设。因此，选择固定效应模型的估计结果。

表8-5　模型选择及回归结果

解释变量	混合回归	固定效应	随机效应
ER	0.153 *** (4.53)	0.198 *** (4.60)	0.187 *** (4.34)
ER^2	-0.0738 *** (-3.33)	-0.104 *** (-3.50)	-0.0951 *** (-3.19)
ER^3	0.00752 *** (2.92)	0.0108 *** (3.09)	0.00983 *** (2.80)
ES	0.220 ** (2.64)	-0.239 * (-1.82)	0.136 * (1.71)
$Scale$	0.00940 *** (4.19)	0.00937 ** (2.36)	0.00992 ** (2.46)
$Open$	0.204 (0.66)	1.579 *** (3.34)	0.487 (1.55)
常数项	0.852 *** (19.99)	1.000 *** (15.48)	0.871 *** (17.37)
样本数	300	300	300
检验统计量	LM 检验：26.34 [0.0000] F 检验：3.56 [0.0000] Hausman 检验：23.66 [0.0006]		

注：*** 、** 、* 分别表示估计值在1%、5%、10%的水平上显著；小括号内的数值为稳健标准误下的 t 统计量，中括号内的数值为 P 值。

由表8-5的回归结果可知，环境规制的一次项、二次项和三次项系数的符号分别为正、负、正，即环境规制与产业结构优化之间符合 N 形关系，且在1%的显著性水平上显著。这验证了环境规制与产业结构优化之间存在非线性关系，表明了环境规制对我国产业结构优化调整产生了显著的倒逼效应，但是这种效应是存在一定前提的。环境规制与产业结构优化之间存在两个拐点，在初期，环境规制促进产业结构升级，随着环境规制强度的变大，它在一定程度上抑制了产业结构优化，但当环境规制强度越过另一拐点，环境规制会提高产业结构的高级化程度，即环境规制与产业结构升级的门槛值也是存在的。

此外，模型中的控制变量除了经济结构外，经济规模与贸易开放度的系数均显著为正。这些回归结果也较好地反映了我国当下的国情。经济结构显著抑制了产业结构优化，且通过了10%的显著性检验。工业增加值占GDP的比重实质上反映了大型工业企业在经济中所占的比重。这一结果从侧面反映了我国当前在产业结构升级方面存在的问题。虽然大型工业企业在拉动中国经济方面起到了重要作用，但我国产业结构仍旧是以第二产业为支柱，而资源利用率高、全要素生产率高的高新技术行业、服务业等第三产业的发展相对滞后。因此，我国今后要以提高行业全要素生产率为导向，让生产要素自由流入生产效率高的产业，提高单位产出，从而促进绿色经济增长。经济规模与产业结构优化显著正相关，且在5%的显著性水平上显著。经济可持续增长有利于减少或者避免由产业结构调整所带来的冲击与摩擦，为产业结构优化提供基础。贸易开放度的提高并没有使我国成为"污染避难所"，而是在一定程度上促进了产业结构优化，并且在1%的显著性水平上显著。这说明了我国在加大对外开放度的同时，注意优化外商投资管理，鼓励引进投资附加值较高的外商产业，并通过加强对在华跨国公司的监督与管理，促进外商直接投资的技术溢出，使我国各产业部门的劳动生产率得到提高，进而推动我国产业结构优化。

鉴于我国区域发展存在巨大差异，本书将从东部、中部、西部三大区域分析环境规制对产业结构优化是否存在空间异质性。表8-6呈现了分区域的检验结果。第一，三大区域的情形在作用方向上与全国水平保持一致，即环境规制与产业结构之间存在

N形关系，但东部地区并不显著。第二，在经济结构方面，东部地区的经济结构与产业结构优化显著正相关，而中部、西部地区则负相关，西部地区的在10%的统计水平上显著。这一方面可能是由于东部地区经济发展水平高，可以凭借自身良好的区位优势和优惠政策倾斜，并通过技术引进与创新、高端设备引进与制造以及丰富、先进的管理经验使资源得到更好的优化和配置，从而引导产业结构优化调整。另一方面，由于中部、西部地区承接东部沿海地区的产业转移，经济结构发生调整，出现了不利于产业结构优化的情况。第三，在经济规模方面，三大区域的经济规模均与产业结构正相关，但不显著。这说明我国的经济发展规模在支撑产业结构优化方面仍需加强。第四，对于贸易开放度而言，东部地区的情况与全国水平一致，西部地区虽然促进了产业结构优化，但在统计上不显著，而中部地区在一定程度上则阻碍了产业结构优化。这表明了东部地区的对外经济贸易对当地的产业部门产生了较大的技术溢出效应，间接地推动了东部地区产业结构的优化与升级。但对于中部、西部地区而言，在承接外商直接投资时没有进行甄别，产业结构不合理，成为外商投资的"污染避难所"，FDI的流入与所带来的技术溢出效应不明显。

表8-6　分区域检验结果

解释变量	东部地区	中部地区	西部地区
ER	0.101 (1.60)	1.232*** (3.90)	0.671*** (4.86)
ER^2	-0.0587 (-1.28)	-4.693*** (-3.13)	-0.994*** (-4.19)
ER^3	0.00637 (1.15)	4.672*** (2.71)	0.297*** (3.92)

解释变量	东部地区	中部地区	西部地区
ES	0.913 *** (2.91)	-0.239 (-1.12)	-0.349 * (-1.85)
Scale	0.0143 (1.62)	0.00428 (0.44)	0.00509 (1.13)
Open	1.767 *** (2.74)	-1.572 (-1.23)	0.951 (1.22)
常数项	0.467 *** (3.51)	1.085 *** (7.97)	1.069 *** (12.29)
样本数	110	80	110

注： *** 、 ** 、 * 分别表示估计值在1%、5%、10%的水平上显著；括号内的数值为稳健标准误下的 *t* 统计量。

（五）稳健性检验

为了检验本章所测算的产业结构优化指数是否具有代表性以及上述模型回归结果的稳健性，本书采用规模报酬不变（CRS）情况下的 GML 增长率来衡量产业结构优化，稳健性检验的回归结果如表 8 - 7 所示。首先，基于 Liu 等（2000）的研究，分别采用 F 检验、LM 检验和 Hausman 检验对模型的估计方法进行选择。由表 8 - 7 可知，LM 检验结果显示，随机效应模型优于混合回归；F 检验和 Hausman 检验均显示，在 1% 的显著水平上拒绝原假设，即选择固定效应模型。根据固定效应模型的估计结果，稳健性检验的结果在作用方向以及显著性上基本与表 8 - 6 的回归结果一致。环境规制与产业结构优化之间呈 N 形关系，且在 1% 的显著性水平上显著。除了经济结构对产业结构优化的负向影响的显著性略有下降外，经济规模和对外贸易开放度的方向与显著性与上述研究结果保持一致，即验证了产业结构优化指数的可靠性以及研究结论的稳健性。

表 8 - 7　稳健性检验结果

解释变量	混合回归	固定效应	随机效应
ER	0.189 *** (5.01)	0.202 *** (5.29)	0.195 *** (5.26)
ER^2	-0.0981 *** (-4.58)	-0.104 *** (-3.96)	-0.101 *** (-3.93)
ER^3	0.0103 *** (4.39)	0.0108 *** (3.49)	0.0106 *** (3.48)
ES	0.0516 (1.05)	-0.178 (-1.52)	0.0417 (0.73)
Scale	0.00599 *** (3.17)	0.00733 ** (2.09)	0.00662 * (1.88)
Open	-0.0181 (-0.07)	1.316 *** (3.15)	0.0751 (0.33)
常数项	0.947 *** (34.33)	0.993 *** (17.35)	0.942 *** (23.25)
检验统计量	LM 检验：4.47 [0.0173] F 检验：2.19 [0.0007] Hausman 检验：24.11 [0.0011]		

注：＊＊＊、＊＊、＊分别表示估计值在1%、5%、10%的水平上显著；小括号内的数值为稳健标准误下的 t 统计量；中括号内的数值为 P 值。

四、本章小结

本章首先构建了一个两部门非均衡增长模型分析了环境规制对产业结构优化的影响；在理论模型分析的基础上，利用基于

SBM 方向性距离函数的 GML 指数测度了我国 2004～2014 年省级产业结构优化指数，从时间和空间视角分别分析了产业结构优化指数的演变规律。其次，采用非线性面板估计方法实证研究了我国环境规制对产业结构优化的作用，并分析了东、中、西三大区域的情况。研究结论显示，我国的产业结构优化水平呈逐年上升趋势，东部地区的产业结构优化水平明显优于全国水平和中、西部地区的水平，说明我国区域产业结构优化水平不均衡。环境规制与产业结构优化之间符合 N 形关系，分区域的研究与全国水平的研究结论基本保持一致，但东部地区的 N 形关系不显著。只有当环境规制强度跨越曲线的拐点，其对产业结构优化的倒逼作用才能得到发挥。此外，还验证了其他控制变量经济结构、经济规模对产业结构优化的促进作用。除了经济结构对产业结构优化起到显著的抑制作用之外，经济规模与对外开放水平均对我国产业结构升级发挥有效作用。从不同区域的实证检验结果来看，各影响系数的方向基本一致，但显著性出现了分异。

第九章
环境规制促进绿色经济增长的政策选择

本章在总结全书的研究结论的基础上，提出了以环境规制推动绿色经济增长的政策建议，同时，指出了研究存在的不足以及今后的研究方向及重点。

一、研究结论

本书基于环境规制理论、经济增长理论、技术创新理论和产业组织理论，在绿色索洛模型的分析框架下探讨了环境规制、绿色经济效率、绿色技术创新、产业结构调整与绿色经济增长之间的内在关系，系统地分析了环境规制与绿色经济效率、环境规制与绿色技术创新、环境规制与产业结构优化的作用机制，并基于这3个视角实证检验了环境规制对绿色经济增长的影响。主要研究结论如下：

第一，环境规制对绿色经济效率的影响符合U形关系。我国环境规制对绿色经济效率确实存在促进作用，这一结论在一定程度上验证了波特假说。环境规制对绿色经济效率的影响存在双重门槛，环境规制的滞后项与绿色经济效率显著正相关，但当环境规制跨过第二个门槛值时，其对绿色经济效率的促进作用有所减弱。不同类型的环境规制对绿色经济效率的门槛效应存在差异。行政型环境规制存在单一门槛，与绿色经济效率之间呈现倒 U 形关系，市场型环境规制存在双门槛，但当其跨越了第二个门槛之后，其促进作用减弱，自愿参与型环境规制存在双重门槛，其与绿色经济效率之间呈倒 N 形关系。我国环境规制与绿色经济效率之间的非线性关系表明，应当制定强度适宜的环境规制。

第二，我国环境规制强度与绿色技术创新效率之间符合 N 形关系，经济规模、经济结构、贸易开放度对绿色技术创新效率有显著促进作用，但自主研发知识存量对绿色技术创新效率提升作用并不显著，国外技术引进存量显著降低绿色技术创新效率。对于分地区研究而言，东部地区与全国水平的研究结论在作用方向与显著性上基本保持一致，东部地区的环境规制强度与绿色技术创新效率之间呈 N 形关系，而环境规制、经济规模、自主研发、国外技术引进和对外贸易对绿色技术创新效率的影响在中、西部地区表现出区域差异性。

第三，我国产业结构优化水平呈逐年上升趋势，东部地区产业结构优化水平明显优于全国和中、西部地区，说明我国产业结构优化水平不均衡；环境规制与产业结构优化之间符合 N 形关系，分区域研究与全国水平的研究结论基本保持一致，但东部地区的 N 形关系不显著。只有当环境规制强度跨越曲线拐点，其对产业结构优化的倒逼作用才能得到发挥。此外，还验证了其他控制变量经济结构、经济规模对产业结构优化的促进作用，而对外开放水平未能对我国产业结构升级发挥有效作用。然而，分区域的研究结果存在一定差异。

180

实现经济增长与资源环境相协调、促进经济社会生态的包容性发展是转变经济发展方式的重要导向。根据本书的研究结论，环境规制并未对中国的经济增长造成明显的不利影响。这主要是因为，无论环境规制是直接还是间接作用于绿色经济增长，不同的环境规制强度与环境规制类型对绿色经济增长的作用不同。那么，如何提高环境规制对绿色经济增长的激励效应？本章基于中国环境规制政策与绿色经济增长的发展现实，结合本书研究结论，就环境规制促进绿色经济增长提出了建议。

二、政策建议

基于中国环境规制政策与绿色经济增长的发展现实，结合研究结论，本书从环境规制、绿色技术创新、产业结构优化和绿色经济增长等多个角度对提高环境规制促进绿色经济增长提出了政策建议。

（一）制定强度适宜的环境规制，促进规制工具多样化

根据本书的研究结论可知，不同环境规制类型的作用方式、强度和传导机制不同，进而对绿色经济增长的作用不同。因此，从环境规制强度制定、环境规制的政策工具的选择、环境规制制定体系的完善和环境规制的执行效率提升方面提出环境规制促进绿色经济增长的政策建议。

1. 不断优化环境规制强度，促进区域经济平衡发展

结论表明并不是越严格的环境规制越好，政府应切忌盲目提

高环境规制强度，各地区应采取适度的环境规制水平来促进区域绿色经济平衡增长。

优化环境规制强度、促进区域绿色经济平衡发展要做到以下三点：

（1）制定强度适宜的环境规制。一方面，要求政策制定者不能一味地加大各地区环境规制的强度，而是应该依据各行业和地区的现实特点，因地制宜地采取合理的、适度的、差异化的环境规制的强度。另一方面，政策制定者切不可在全国范围内实施无差异环境政策，要充分认识环境规制与绿色经济增长的发展趋势与状况，结合当地具体情况，因地制宜地采取最适合本地区的环境规制政策。适宜的环境规制强度要满足既能够实现社会最优的排污水平，又能够促进绿色技术创新，推动环保措施从"末端治理"向"源头治理"转变，充分发挥环境规制对于绿色技术创新的促进作用和产业结构优化的倒逼效应，对于实现环境保护与结构转型的"双赢"具有重要意义，进而促进中国各个省市区的经济绿色发展。

（2）环境规制要有足够的灵活性，在企业的可承受范围内注重滚动修订，避免固定在某一特定水平，及时调整至最优环境规制强度水平，为绿色技术创新提供持续的动力，促进地区绿色经济增长。

（3）各地区采取合适的配套政策措施来稳定环境规制水平。鉴于不同地区的绿色经济增长水平不同，对环境规制强度的适度要求也不同。因此，各省（市、区）要认清本地区的经济发展的特色，适时调整相关配套政策使各地区的环境规制强度达到适度状态，缩小各地区之间的绿色经济效率差异，使区域经济的政策优势得到充分发挥，促进各地区绿色经济增长。

2. 合理选择环境规制工具，充分发挥环境规制红利

环境规制对于绿色经济效率的影响不仅取决于环境规制强度，而且也取决于环境规制工具的选择。充分发挥环境规制的碳减排效应，选择合理的环境规制工具。这就要求政策制定者在制定最优环境规制强度的同时，更注重对环境规制工具类型的选择，只有采取适宜的环境规制类型才可以最大限度地推动企业进行绿色技术创新和产业结构升级。

对于正式环境规制来说，环境标准、产品禁令、许可证与限额等命令控制型环境规制工具具有较大的强制性，对企业的绿色技术研发缺乏足够的激励，因此要把握一定的规制强度；补贴、可交易许可证、环境税费等市场型环境规制工具能够为企业技术创新和效率的提升提供激励；而对于公众参与和信息披露等自愿型环境规制工具，大力倡导和运用鼓励性方式，以更加灵活的方式，鼓励污染者主动实行比现行环保法规标准更高的环保标准。积极推动自愿工具的应用，调动污染者的自觉性和主动性，科学、合理地引导公众参与环境保护。

鉴于环境规制工具的政策效应存在差异性，政府应该根据地区间经济发展水平和资源环境禀赋的异质性，根据实际情况采用不同类型的环境规制工具。对于东部发达省份，考虑到人们日益增长的环境质量诉求与绿色产品的需求，宜以激励型环境规制工具为主；对于中部、西部欠发达省份，不能一味地追求经济增长而忽略环境质量，需要将激励型与控制型环境规制工具相结合；对于生态环境更加脆弱的省份，需以控制型环境规制工具为主。

总体来说，选择合理的环境规制工具，推进行政型环境规制向市场型环境规制转变，释放环境规制的市场激励效应，并大力鼓励非正式型环境规制工具的广泛应用，全面释放因灵活应用环境规制工具而带来的红利效应，全面提高绿色经济效率，实现环

境效应和经济发展的"双赢"。

3. 丰富环境规制工具类型，促进规制效应的最大化

正式环境规制在资源环境保护方面已经取得了一定的成效，但非正式环境规制的节能减排和环境保护的效应还不明显。因此，有必要建立公众参与的激励制度，科学、合理地引导公众参与环境保护，激发非正式环境规制工具在环境保护方面的积极作用。激励公众参与的制度主要包括政府宣传引导公众消费行为和完善公众参与监督及决策等制度，以此增加公众的环保知识，提升公众的环保意识，引导公众参与环境保护的行动。

科学、合理地引导公众参与环境保护，一是要完善引导公众消费行为的制度。虽然环境问题已经得到了政府和公众的高度重视，但是在实际的行为中，公众普遍缺乏自我行为约束。因此，要引导公众从自我做起，进行绿色低碳消费，将公众环保意识转化为实际行动，积极地参与到环境保护中来，需要进一步完善引导公众消费行为制度。建立全方位的舆论宣传引导制度。依托报纸、电视、互联网等宣传渠道，通过舆论宣传、知识普及、生活贴士、公益广告、专题栏目、政策宣传等形式，推广低碳生活和环境保护常识，普及环保和清洁产品知识，鼓励大众选择带有低能耗、低污染标识的产品，让公众日常的环保行为成为基本的道德规范，逐渐建立起清洁、低碳的消费的绿色消费习惯，进而不断提高清洁产品的市场份额，倒逼传统的非清洁产品退市，进一步引致清洁技术的不断创新。二是要完善公众参与监督和决策的制度。增强对公众参与环境保护以及激励清洁技术创新等制度的决策和监督，这是弥补政府失灵的一种有效手段。政府要制定科学规范的公众参与决策和监督的制度，通过提高制度决策和实施的效率，提高其他激励制度的有效性。政府在做出决策前，要加大对相关政策的宣传，广泛征求民意；要综合专家和当地居民的

意见，完善听证会制度，反复修改论证，科学制定相关决策；在决策的实施中，相关部门要及时公开污染排放的信息，开通监督举报平台，主动接受公众和媒体的监督。总体来讲，不断完善激励公众参与的制度，促进环境保护和激励清洁技术创新，最大化环境规制促进绿色经济发展的红利效应。

4. 健全环境监管考评体系，提高环境规制的有效性

如何在我国新型工业化过程中适时提高环境规制的有效性和效率是一个不容忽视的问题，环境规制的效率和效果不仅是对政策本身的一种评判和衡量，更是对规制对象行为反应的评判和衡量，也是检验我国新型工业化成效的一个重要标准。虽然自改革开放以来，我国逐渐完善了环境和自然资源保护的立法体系、执法手段和市场调节制度，但实际情况告诉我们，既定的环境框架仍然滞后于我国经济快速发展的现实，巨大的环境压力和资源消耗仍然不容乐观。因此，必须探索提升环境规制的有效性和效率的路径。

健全环境监管与考评体系，优化环境规制执行能力，提高环境规制的效率和有效性，具体措施有：一是完善绿色国民经济基础会计核算，建立科学合理、系统完整并符合国情的企业绿色会计理论与方法体系，构建完整的绿色会计信息系统和企业绿色报告信息披露制度，设计与制定具有操作性的绿色经济增长的会计准则；二是完善科学的环保政绩考核机制，将绿色增长监测指标与地区主要领导绩效考评相挂钩，提高环境治理考核比重，对各地区的绿色增长考核指标做到细化和量化，落实到具体负责人，使政绩考核与经济、环境、资源、生态、社会可持续发展相统一；三是提高环境政策的权威性和执法的独立性，健全环境保护法，强化环境保护执法，完善环境监测网络以及预警和应急能力建设，严格执行绿色增长指标评价制度，严格落实绿色增长的目

标，健全重大环境事件和污染事故的应急处理机制和责任追究制度，建立起完善的监测、约束和监督机制，加强环境的监测、监督和执法力度，保障相关职能部门在环境规制执行过程当中的执法效力。

（二）强化绿色技术创新研发，激发绿色经济增长活力

自主研发与创新是提高我国绿色技术创新效率、实现经济绿色发展的根本。根据研究结论，本书从坚持自主创新、加强绿色技术创新研发、构建绿色人才梯队、加强引进国外清洁技术方面提出了驱动绿色经济增长的建议。

1. 加大绿色科技研发力度，不断提升自主创新能力

我国企业的自主创新能力，尤其是在关键领域的核心技术创新，与发达国家相比尚存在较大差距。政府应通过减税鼓励企业投入绿色研发，重点依托一批核心清洁技术引导有限的财政科技经费投入污染物治理和清洁能源研发中去，通过科技驱动和市场手段促进经济绿色增长转型。此外，通过推进各地区市场化进程、普及大众化教育和采取鼓励技术创新的政策等不断提升自主创新能力，提高企业绿色研发经费的研发效率，进一步强化企业进行清洁技术创新的动力和能力，激励企业增强创新主体意识，实现由投资驱动向创新驱动的转变，进而提升我国整体的绿色技术创新效率。加强绿色技术合作交流。建立面向国内外环保企业、高校、研究机构间的清洁技术交流合作平台，大力开展国际间的科技合作，积极引进和消化、吸收国外先进的清洁技术和管理手段，加强合作企业之间的信息交流与共享，学习借鉴先进实践经验，以创新驱动绿色经济增长。加强自主创新研发的金融支持力度。政府应不断优化自主创新的区域化金融支持战略，可以根据项目迫切性和市场前景给予重点支持，以发挥绿色技术研发

和创新在产业优化升级中的领头羊作用，培育高技术产业自主创新机制，使之形成良性循环。

2. 鼓励绿色科技引进吸收，加快技术创新成果孵化

企业能在多大程度上受益于因进出口贸易所带来的技术外溢效应，关键取决于我国企业对引进技术的吸收动力以及吸收能力。因此，加强国外引进技术的吸收和转化能力对提升技术创新效率十分重要。一是提升外商投资管理的质量。一方面，政府应努力推进外商投资管理体制改革，构建开放型经济新体制，建立更加开放透明的市场竞争环境，为引进绿色、清洁技术创造制度环境；另一方面，鼓励引进投资附加值较高的外商产业，并通过加强对在华跨国公司的监督与管理以不断提高引进外资的质量。二是积极引进国外前沿的清洁技术。认识我国绿色科技研发实力的不足和绿色技术创新效率的低下，努力突破国外技术封锁，加大对清洁技术引进的金融扶持力度，着力引进一批实用性强，应用面广的现代节能环保技术，加大先进节能环保实用技术的成套集成引进，尽快突破技术"瓶颈"，提升绿色发展综合水平。三是加强引进技术吸收转化。本土企业应该注重通过多种渠道学习和借鉴国外先进技术经验，尤其注重充分消化吸收引进的国外清洁技术，着力理顺科技成果向应用转化的环节流程，破解创新成果与转化应用脱节的关键问题，利用自主研发实现更多的成果转化，全面提升区域绿色技术创新能力。四是加快完善产学研一体化机制建设。建立健全绿色科技创新评估和激励机制，对绿色技术应用实行奖励并给予支持，推进绿色科技的普及应用范围。

3. 注重人才创新能力建设，加快培养绿色科技人才

绿色技术的创新是推动绿色经济发展的重要动力，创新归根结底在于人才的培养。如何强化关键人才的使命感，促进绿色发

展是思考绿色发展创新人才①发展的关键性问题。当前绿色发展已经成为全球趋势，强调科技创新人才不仅是绿色发展负责人的消费者、更是生产者，提升对其价值引领是不容忽视的环节（石磊和李梅，2019）。因此，加强对绿色技术创人才的培养对提升绿色技术创新能力意义重大。首先，必须毫不动摇地坚持人才强国战略，加快构建绿色技术工人、管理人员、研发人员等在内的人才梯队，建立以人才梯队资源池为中心，人才区分机制、培养机制、选拔机制和发展激励机制为重要内容的人才体系，进而为绿色科技成果的转化提供不竭动力。其次，强化绿色发展科技创新人才的使命感与责任感。绿色发展科技创新人才的远见、专业知识和技能仍有较大的发挥空间，其在建立和完善供水和卫生基础设施、促进清洁和可负担得起的能源发展、建造生态友好型城市、保护生态环境、完善经济发展与环境保护制度等方面应进一步发挥重要作用。因此，应着力培养绿色发展核心价值引领者，倡导全社会绿色发展。再次，加强绿色发展科技创新人才的培养与激励。一方面，完善人才体系化培养，注重人才政策与教育政策联动，实施有效激励措施，充分发挥人才价值的保障；另一方面，调整绿色发展相关学科专业结构，科学育人。注重科学知识、科学方法、科学兴趣、创新能力、实践能力、进取精神的培养。最后，优化识人用人机制。科学评价人才贡献，将对人才的短期激励、经济激励与长期激励、发展激励相结合，尊重创新、加强知识产权保护，给予人才更多的创新自主权，探索建立有利于人才充分发挥创新能力的有效激励体系，注重技能培训、事业平台搭建、晋升渠道及奖励制度的联动，为绿色技术创新发展提

---

① 石磊和李梅（2019）认为，绿色发展科技创新人才是指以科技创新为素质或职业特征，具有识别、驾驭绿色发展关键性要素的能力，从事绿色生态、绿色生产、绿色生活等绿色发展领域的创造性劳动，实现人与自然和谐共生永续发展的人才。

供源源不断的人才储备。

（三）推进产业结构优化升级，实现绿色经济动能转换

产业结构升级和技术创新进步是相辅相成的。科技创新是推动产业结构优化升级的根本动力，而加快产业结构优化、经济转型发展必须依靠技术创新。应坚持以完善科技创新体系为切入点，以清洁技术创新驱动产业发展为主线，一方面加强传统产业的绿色化转型升级，加快传统产业工艺技术的节能化改造，降低污染物排放总量，强化污染物无害化处理，另一方面培育和发展战略性新兴产业，加快现代环保产业、循环经济产业等绿色产业的发展，着力解决产业创新基础能力的薄弱环节，以破解产业转型与发展的技术"瓶颈"，走绿色低碳发展道路，兼顾经济发展的质量和效益。本节从制定差异化环境规制、创新驱动产业结构优化、科学认识产业结构优化和借鉴国际绿色产业发展经验方面提出了以下建议：

1. 制定差异化的环境规制，倒逼产业结构优化升级

不同地区的环境规制强度不同，产业结构优化程度所处的阶段也存在较大差异。因此，政策制定者必须明确区域发展不平衡的现状，充分考虑不同省份的污染特征，根据环境规制倒逼产业结构调整的空间异质性制定差异化的规制政策及规制强度。在环境规制强度较弱的地区应增强规制强度，尽早跨过 N 形曲线的拐点，围绕"优化存量、做优增量"，充分挖掘和利用环境规制驱动产业结构优化的作用潜力，实现环境规制在改善环境的同时达到促进产业结构优化升级的目的，实现环境改善与产业结构优化的双重红利。

2. 创新驱动产业结构优化，科技助推产业结构转型

产业结构升级和技术创新进步是相辅相成的。技术创新是推

动产业结构优化升级的根本动力，而加快产业结构优化、经济转型发展必须依靠技术创新。我们应坚持以完善科技创新体系为切入点，以清洁技术创新驱动产业发展为主线，加快绿色科技成果的转化和应用，实现生产工艺的升级和污染处理能力的提升，淘汰过剩产能和高污染企业，进而促进生产要素从生产率较高的部门流向较低的部门，最大限度地推动地区产业结构的升级，提高部门全要素生产率。

3. 科学认识产业结构优化，提高资源优化配置效率

产业结构优化并不是片面地大力发展第三产业，而是要以提升产业的全要素生产率为最终目标。一方面，产业结构优化应慎重地进行跨行业调整，以避免资源要素在空间和行业的错配；另一方面，加快升级行业内部价值链和技术链，提高人力资本结构与产业结构的配置效率。此外，要改善工业行业的投资比例，整体降低工业的投资比重，重点优化、调整工业内部行业的投资比重，引导工业结构向高级化、绿色化方向发展。加大培育和发展战略性新兴产业，加快太阳能、风能等绿色能源产业与环保设备等"硬绿色产业"，以及教育、医疗保健、文化、娱乐、金融业等"软绿色产业"的发展，着力解决产业创新基础能力的薄弱环节，打破产业转型与可持续发展的技术"瓶颈"，走绿色低碳发展道路，兼顾经济发展的质量和效益。

4. 借鉴国际绿色产业发展，驱动绿色经济高效增长

以一些 OECD 国家在绿色农业、绿色工业以及绿色服务业方面发展与改革的成功经验为依托，以绿色转型与技术创新驱动我国绿色产业快速发展，成为绿色崛起的新动力。一是打造绿色农业。相关部门积极制定绿色农业发展政策，鼓励组建绿色农业生产组织，通过提供绿色农业技术服务实现农业发展生态化、安全化，从而打造绿色农业管理体系。二是做强绿色工业。以技术创

新引领循环经济发展，寻求工业生产全生命周期绿色化。在改造升级传统产业的同时，大力发展战略性新兴产业，实现产业结构优化升级。三是壮大绿色服务业。将绿色发展的理念贯穿于旅游业、生产性服务业以及新兴服务业的发展之中，使绿色服务替代传统的服务方式，打造集约高效的绿色服务业体系。同时，加强绿色农业、绿色工业、绿色服务业融合发展。

（四）促进经济与环境协调发展，保障绿色经济提质增效

实现经济绿色增长既是可持续发展的必然要求，也是破解中等收入陷阱的有效路径。要实现环境规制促进绿色经济增长，就要充分提升绿色经济效率，完善协同治理机制，推广绿色经济发展试点示范效应，加强国际绿色发展交流与合作。

1. 充分重视经济效率提升，全面提高经济增长质量

我国各级政府应当科学认识当前资源和环境约束下的经济效率，GDP 早已不再是考察政府官员政绩的唯一指标，应该正确认识绿色经济效率，在现有经济发展的基础上以提高地区经济效率为主要目标，从重经济增长轻环保转变为保护环境与经济增长并重，从环保滞后于经济发展转变为环保与经济发展同步，大力推进供给侧结构性改革，以技术创新为推动力，努力推动产业结构调整和优化升级，转变经济增长方式，促进实现经济增长与环境保护"双赢"。

2. 完善相关机制体制建设，实现环保跨界协同治理

为了保证国家环保目标更有效地实现，一是要构建环境影响评价制度。环境与发展综合决策的主要途径是实行对重大决策进行环境影响评价制度，包括对重大经济和技术政策、发展规划、重大经济和流域开发计划进行环境影响评价。二是建立和完善环

境与发展综合决策机制。在政策制定、规划、管理等层次上，通过建立并实行一套程序和制度，加强重大决策的研究和论证阶段，充分听取环保部门、公众和社会的意见，使其能够参与审议有关对环境有重大影响的经济和社会发展的决策过程，提出相应的环保政策。三是完善综合决策的法律保障制度。将环保工作建立在法治基础上，不断完善环境法律体系，严格环境执法程序，保障环境法规的有效实施。四是完善跨部门、跨区域的利益协调机制。中国环境污染的关联已经突破了地理界限具有的复杂空间网络关联特征。政府需要树立空间观念和系统观念，改变传统地理近邻的区位观，加强横跨多个区域和部门的全方位合作，树立共存、共荣的环保理念，建立起包括监测、治理、宣传等多方面的协同联动体系，改变相关地区和部门"九龙治水"的局面，实现区域环境的整体提升。

3. 推广绿色增长试点示范，以点带面促进平衡发展

通过试点示范带动区域绿色经济联动发展。一是重点引导示范区形成以低消耗、低污染、经济效益高、生态效益高、社会效益高为主要特征的绿色产业体系，把发展着力点放在加快发展战略性新兴产业上，构建覆盖生产、流通、消费等各环节的资源循环利用体系。二是示范区应重点加强绿色增长极的培育，依托各地区原有的资源禀赋条件，充分发挥比较优势，重点打造集绿色环境、绿色资源、绿色产业、绿色产品、绿色市场、绿色消费和绿色文化于一体的绿色经济产业链，建设具有较强竞争力的绿色产业集群，形成环境与经济收益相协调的示范发展模式。三是通过完善各种试点示范区创建的相关制度，普及相关知识、提高居民的环保意识和规范居民的日常行为，充分发挥试点、示范效应，通过示范社区和示范人员的"名人效应"，以点带面，实现整个社会群体环保意识、绿色消费行为和绿色生活习惯的改善。

4. 加强国际绿色发展合作，共同完善全球经济治理

绿色发展已经成为国际共识，要实现全球绿色经济发展，一方面需要共同维护和平稳定的国际环境。各国要树立共同、综合、合作、可持续的新安全观；另一方面，共同构建合作共赢的全球伙伴关系。加强在重大全球性生态环境问题上的沟通和协调，建立健全绿色经济发展政策的协调机制，加强在节能减排、清洁生产、绿色技术创新等领域务实合作，携手推动全球经济高质量发展。此外，共同完善全球绿色经济治理。解决绿色发展问题要坚持以开放为导向、以合作为动力、以共享为目标①；共同构建绿色低碳的全球能源治理格局，推动全球绿色发展合作，共同构建包容联动的全球发展治理格局，以落实联合国 2030 年可持续发展议程为目标，共同增进全人类福祉。

三、研究不足与展望

本书采用基于 SBM 方向性距离函数的 GML 指数创新地测度了我国考虑资源环境约束下的绿色经济效率、绿色技术创新效率和产业结构优化指数，从环境规制角度，探究不同环境规制强度与绿色经济增长之间的关系，为我国环境规制政策优化和绿色经济增长提供了理论和实践支持。但研究仍存在一些不足，这些研究空白也为未来环境规制与绿色经济增长的相关研究指明了方

---

① 构建绿色低碳的全球能源治理格局［EB/OL］．人民网，http：//env. people. com. cn/n1/2016/0930/c1010 – 28752415. html，2016 – 09 – 30.

向。本书的研究不足与未来研究展望具体如下：

（一）没有考虑非正式环境规制对绿色经济效率的影响

非正式环境规制与正式环境规制体系相辅相成。发达国家的环境治理实践表明，非正式环境规制可以通过宣传教育、信息披露、媒体曝光和法律诉讼等方式监督企业环保行为、提升公众环境保护意识、增强政府环境规制实施效果以及改善政府环保投入不足和监管不力的局面。然而，非正式规制数据难以获得，其替代数据不能直接地反映规制强度，因此，本书并未从非正式环境规制角度进行分析。在数据有限的背景下，本书仅仅对正式环境规制进行分析是可接受的。在今后研究中，随着非正式环境规制研究不断深入，进一步研究非正式环境规制与绿色经济增长的关系将十分必要。

（二）没有考虑环境规制的"逐底竞争"效应

Konisky（2007）认为，地方政府之间存在经济竞争，地方政府倾向于竞相放松环境标准，降低本地企业的环境成本以吸引资本、产业等流动要素，最终导致所有地方政府的环境质量下降。因此，未来可以从溢出效应模型和经济竞争模型来解释不同行政区域之间环境规制的竞争机制对绿色经济增长的影响。

（三）没有综合考虑绿色经济效率、绿色技术创新效率和产业结构高度化三个要素之间的相互叠加作用对绿色经济增长的影响

本书分别从三个视角分析了环境规制与绿色经济增长的影响，而这三个因素之间的相互作用可能共同对绿色经济增长产生影响。分析这三者对绿色经济增长的相互叠加作用将是本书后续研究的重点。

（四）研究方法有待进一步丰富与改善

一方面，没有讲述国内外关于环境规制促进绿色经济增长方

面的实践经验以及经典案例。在今后的研究中，加强学习推进绿色经济发展、提高绿色技术创新以及优化、调整产业结构方面的国际经验，对重点经典案例进行分析，对得到广泛认可的经验进行学习、引进，从失败案例中吸取经验教训，为我国的绿色经济增长战略制定提供借鉴和指导。另一方面，实证研究方法也将根据研究的需要进一步改善，充分考虑到模型的内生性问题，设计更加科学、合理的实证模型。

（五）囿于数据的可得性，研究没有采用城市层面数据和企业微观数据对环境规制与绿色经济增长之间的关系进行检验

在研究过程中，由于地级市层面的产业数据不全，为保证数据的真实性和科学性，本书选取省级尺度的数据进行研究。而在未来的研究中，随着统计数据的不断完善和统计渠道的逐渐丰富，可以考虑在更小的空间尺度或者细分行业采用企业微观数据，在同一分析框架内探讨在不同发展阶段和不同城市规模下，环境规制对我国城市、产业和企业的绿色经济增长的影响，对两者的关系研究给出更翔实、更全面、更有针对性的研究结果。

参考文献

[1] Acemoglu D. Directed Technical Change [J]. Review of Economic Studies, 2002, 69 (69): 781 - 809.

[2] Acemoglu D. Why Do New Technologies Complement Skills? Directed Technical Change and Wage Inequality [J]. Quarterly Journal of Economics, 1997, 113 (4): 1055 - 1089.

[3] Acemoglu D, Aghion P, Bursztyn L, et al. The Environment and Directed Technical Change [J]. American Economic Review, 2012, 102 (1): 131 - 166.

[4] Acs Z J, Anselin L, Varga A. Patents and Innovation Counts as Measures of Regional Production of new Knowledge [J]. Research Policy, 2002, 31 (7): 1069 - 1085.

[5] Anselin L. Spatial Econometric: Methods and Models [M]. Springer Science and Business Media, 2013.

[6] Anselin L. Spatial Effects in Econometric Practice in Environmental and Resource and Economics [J]. American Journal of Agricultural Economics, 2001, 83 (3): 705 - 710.

[7] Antweiler W, Copeland B R, Taylor M S. Is Free Trade Good for the Environment? [J]. American Economic Review, 2001, 91 (4): 877 - 908.

［8］ Asmild M, Paradi J C, Aggarwall V, et al. Combining DEA Window Analysis with the Malmquist Index Approach in a Study of the Canadian Banking Industry ［J］. Journal of Productivity Analysis, 2004, 21 （21）: 67 – 89.

［9］ Bailey A W, Anderson H G. Brush Control on Sandy Rangelands in Central Alberta ［J］. Journal of Range Management, 1979, 32 （1）: 29 – 32.

［10］ Bain J S. Industrial Organization ［M］. New York: Wiley, 1959.

［11］ Barbera A J, Mcconnell V D. The Impact of Environmental Regulations on Industry Productivity: Direct and Indirect Effects ［J］. Journal of Environmental Economics and Management, 1990, 18 （1）: 50 – 65.

［12］ Barla P, Perelman S. Sulphur Emissions and Productivity Growth in Industrialized Countries ［J］. Annals of Public and Cooperative Economics, 2005, 76 （2）: 275 – 300.

［13］ Barnett H J. Morse C. Scarcity and Economic Growth: The Economics of Natural Resource Availability ［M］. Baltimore: Johns Hophins University, 1963.

［14］ Baumol W J. Macroeconomics of Unbalanced Growth: The Anatomy of Urban Crises ［J］. American Economic Review, 1967, 57 （3）: 415 – 426.

［15］ Becker R A. Local Environmental Regulation and Plant – Level Productivity ［J］. Ecological Economics, 2010, 70 （12）: 2516 – 2522.

［16］ Beise M, Rennings K. Lead Markets and Regulation: A Framework for Analyzing the International Diffusion of Environmental

Innovations [J]. Ecological Economics, 2005, 52 (1): 5 – 17.

[17] Bemelmans – Videc, Rist R C, Vedung E. Carrots, Sticks and Sermons: Policy Instruments and Their Evaluation [M]. New Brunswick: Transaction Publishers, 1998.

[18] Berman E, Bui L T M. Environmental Regulation and Productivity: Evidence from Oil Refineries [J]. Review of Economics and Statistics, 2001, 83 (3): 498 – 510.

[19] Blind K. The Influence of Regulations on Innovation: A Quantitative Assessment for OECD Countries [J]. Research Policy, 2012, 41 (2): 391 – 400.

[20] Bondarev A, Clmens C, Greiner A. Climate Change and Technical Progress: Impact of Informational Constraints [M]. Dynamic Optimization in Environmental Economics, Berlin Heidelberg: Springer, 2014.

[21] Bovenberg A L, Smulder S. Environmental Quality and Pollution – Augmenting Technological Change in a Two – Sector Endogenous Growth Model [J]. Journal of Public Economics, 1995, 57 (3): 369 – 391.

[22] Boyd G A, McClell J D. The Impact of Environmental Constraints on Productivity Improvement in Integrated Paper Plants [J]. Journal of Environmental Economics and Management, 1999, 38 (2): 121 – 142.

[23] Boyd G A, George T, Joseph P. Plant Level Productivity, Efficiency, and Environmental Performance of the Container Glass Industry [J]. Environmental and Resource Economics, 2002, (23): 29 – 43.

[24] Brännlund R, Färe R, Grosskopf S. Environmental Regu-

lation and Profitability: An Application to Swedish Pulp and Paper Mills [J]. Environmental and Resource Economics, 1995, 6 (1): 23 – 36.

[25] Braun E, Wield D. Regulation as a Means for the Social Control of Technology [J]. Technology Analysis and Strategic Management, 1994, 6 (3): 259 – 272.

[26] Brock W A, Taylor M S. Chapter 28 – Economic Growth and the Environment: A Review of Theory and Empirics [J]. Handbook of Economic Growth, 2005, 1 (5): 1749 – 1821.

[27] Brunnermeier S B, Cohen M A. Determinants of Environmental Innovation in US Manufacturing industries [J]. Journal of Environmental Economics & Management, 2003, 45 (2): 278 – 293.

[28] Carrion – Flores C, Innes R, Sam A G. Do Voluntary Pollution Reduction Programs (VPRs) Spur Innovation in Environmental Technology [R]. Selected Paper Prepared for Presentation at the American Agricultural Economics Association Annual Meeting, 2006: 1 – 19.

[29] Caves D W, Christensen L R, Diewert W E. The Economic Theory of Index Numbers and the Measurement of Input, Output, and Productivity [J]. Journal of the Econometric Society, 1982, 50 (6): 1393 – 1414.

[30] Chambers R, Chung Y H, Färe R. Benefit and Distance Function [J]. Journal of Economic Theory, 1996, 70: 407 – 419.

[31] Charnes A, Cooper W W, Rhodes E, Measuring the Efficiency of Decision Making Units [J]. European Journal of Operational Research, 1978, 2 (6): 429 – 444.

[32] Chintrakarn P, Environmental Regulation and US States'

Technical Inefficiency [J]. Economics Letters, 2008, 100 (3): 363 - 365.

[33] Christainsen G B, Haveman R H. The Contribution of Environmental Regulations to the Slowdown in Productivity Growth [J]. Journal of Environmental Economics and Management, 1981, 8 (4): 381 - 390.

[34] Chung Y H, Färe R, Grosskopf S. Productivity and Undesirable Outputs: A Directional Function Approach [J]. Journal of Environmental Management, 1997, 51 (3): 229 - 240.

[35] Cole M A, Elliott R J R. FDI and the Capital Intensity of "Dirty" Sectors: A Missing Piece of the Pollution Haven Puzzle [J]. Review of Development Economics, 2005, 9 (4): 530 - 548.

[36] Cole M A, Elliott R J R, Shimamoto K. Why The Grass is not Always Greener: The Competing Effects of Environmental Regulations and Factor Intensities on US Specialization [J]. Ecological Economics, 2005, 54 (1): 95 - 109.

[37] Commins N, Lyons S, Schiffbauer M, et al. Climate Policy and Corporate Behaviour [R]. ESRI Working Paper, 2009.

[38] Conceição P, Heitor M V, Vieira P S. Are Environmental Concerns Drivers of Innovation? Interpreting Portuguese Innovation Data to Foster Environmental Foresight [J]. Technological Forecasting and Social Change, 2006, 73 (3): 266 - 276.

[39] Conrad K, Wastl D. The Impacts of Environmental Regulationon Productivity in German Industries [J]. Empirical Economics, 1995 (20): 615 - 633.

[40] Cooke P. Regional Innovation Systems: Development Opportunities from the "Green Turn" [J]. Technology Analysis and Stra-

tegic Management, 2010, 22 (7): 831 –844.

[41] Daly H E. Steady – State Economics [M]. San Francisco: Freeman, 1977.

[42] Dension E F. Accounting for Slower Economic Growth: The United States in the 1970s [J]. Southern Economic Journal, 1981, 47 (4): 1191 –1193.

[43] Dimelis S, Louri – Dendrinou E. Foreign Direct Investment and Efficiency Benefits: A Conditional Quantile Analysis [J]. Infectious Diseases, 2001, 38 (5): 381 –3.

[44] Domazlicky B R, Weber W L. Does Environmental Protection Lead to Slower Productivity Growth in the Chemical Industry? [J]. Environmental and Resource Economics, 2004, 28 (3): 301 –324.

[45] Driessen P H, Hillebrand B. Adoption and Diffusion of Green Innovations [M]. Marketing for Sustainability: Towards Transactional Policy – Making, 2002: 343 –355.

[46] Ethier W J. National and International Returns to Scale in the Modern Theory of International Trade [J]. The American Economic Review, 1982, 72 (3): 389 –405.

[47] Färe R S, Grosskopf, Jr. C A. Pasurka. Accounting for Air Pollution Emissions in Measures of State Manufacturing Productivity Growth [J]. Journal of Regional Science, 2001, 41 (3): 381 –409.

[48] Färe R, Grosskopf S, Norris M, Zhang Z. Productivity Growth, Technical Progress, and Efficiency Change in Industrialized Countrie [J]. American Economic Review, 1994, 84 (1): 66 –83.

[49] Färe R, Grosskopf S, Pasurka C A. Environmental Production Functions and Environmental Directional Distance Functions: A Joint Production Comparison [M]. Social Science Electronic Pub-

lishing, 2004.

[50] Färe R, Pasurka C. Multilateral Productivity Comparisons When Some Outputs Are Undesirable: A Nonparametric Approach [J]. Review of Economics and Statistics, 1989, 71 (1): 90 –98.

[51] Färe R, Grosskopf S, Lovell C A K, Pasurka C. Multilateral Productivity Comparisons When Some Outputs are Undesirable: A Nonparametric Approach [J]. Review of Economics and Statistics, 1989, 71 (1): 90 –98.

[52] Farrell M J. The Measurement of Productive Efficiency [J]. Journal of the Royal Statistical Society, 1957 (120): 253 –281.

[53] Floros N, Vlachou A. Energy Demand and Energy Related Emissions in Greek Manufacturing: Assessing the Impact of a Carbon Tax [J]. Energy Economics, 2005 (27): 387 –413.

[54] Frondel M, Horbach J, Rennings K. End – of – Pipe or Cleaner Production? An Empirical Comparison of Environmental Innovation Decisions across OECD Countries [J]. Business Strategy and the Environment, 2004, 16 (8): 571 –584.

[55] Galinato G, Yoder J. An Integrated Tax Subsidy Policy for Carbon Emission Reduction Reduction [J]. Resource and Energy Economics, 2009 (10): 310 –326.

[56] Gee S, McMeekin A. Eco – Innovation Systems and Problem Sequences: The Contrasting Cases of US and Brazilian Biofuels [J]. Industry and Innovation, 2011, 18 (18): 301 –315.

[57] Girma S, Greenaway D, Wakelin K. Who Benefits from Foreign Direct Investment in the UK? [J]. Scottish Journal of Political Economy, 2013, 60 (5): 560 –574.

[58] Goldar B, Banerjee N. Impact of Informal Regulation of

Pollution on Water Quality in Rivers in India [J]. Journal of Environmental Management, 2004, 73 (2): 117 - 30.

[59] Gollop F M, Roberts M J. Environmental Regulations and Productivity Growth: The Case of Fossil - Fueled Electric Power Generation [J]. The Journal of Political Economy, 1983, 91 (4): 654 - 674.

[60] Gray W B. The Cost of Regulation: OSHA, EPA and the Productivity Slowdown [J]. American Economic Review, 1987, 77 (5): 998 - 1006.

[61] Gray W B, Shadbegian R J. Plant Vintage, Technology, and Environmental Regulation [J]. Journal of Environmental Economics and Management, 2003, 46 (3): 384 - 402.

[62] Griliches Z. R&D and Productivity [M]. University of Chicago Press, 1998.

[63] Grimaud A, Rouge L. Environment, Directed Technical Change and Economic Policy [J]. Environmental and Resource Economics, 2008, 41 (4): 439 - 463.

[64] Grossman G M, Helpman E. Innovation and Growth in the Global Economy [M]. Cambridge: MIT Press, 1991.

[65] Hailu A, Veeman T S. Environmentally Sensitive Productivity Analysis of the Canadian Pulpand Paper Industry, 1959 - 1994: An Input Distance Function Approach [J]. Journal of Environmental Economics and Management, 2000 (40): 251 - 274.

[66] Hailu A, Veeman T S. Non - Parametric Productivity Analysis with Undesirable Outputs: An Application to the Canadian Pulp and Paper Industry American [J]. Journal of Agricultural Economics, 2001, 83 (3): 805 - 816.

[67] Hansen B E. Threshold Effects in Non - Dynamic Panels:

Estimation, Testing, and Inference [J]. Journal of Econometrics, 1999, 93 (2): 345 – 368.

[68] Hašèiè I, Johnstone N, Kalamova M. Environmental Policy Flexibility, Search and Innovation [J]. Czech Journal of Economics and Finance, 2009, 59 (5): 426 – 441.

[69] Horbach J. Determinants of Environmental Innovation: New Evidence from German Panel Data Sources [J]. Research Policy, 2008, 37 (1): 163 – 173.

[70] Im K S, Pesaran M H, Shin Y. Testing for Unit Roots in Heterogeneous Panels [J]. Journal of econometrics, 2003, 115 (1): 53 – 74.

[71] Iyigun M. Clusters of Invention, Life Cycle of Technologies and Endogenous Growth [J]. Journal of Economic Dynamics and Control, 2006, 30 (4): 687 – 719.

[72] Jaffe A B, Palmer K. Environmental Regulation and Innovation: A Panel Data Study [J]. Review of Economics and Statistics, 1997, 79 (4): 610 – 619.

[73] James D E, Jansen H M A, Opschoor J B. Economic Approaches to Environmental Problems [M]. Amsterdam: Elsevier Scientific Publ. Co., 1978.

[74] Jebaraj S, Iniyan S. A Review of Energy Models [J]. Renewable and Sustainable Energy Reviews, 2006, 10 (4): 281 – 311.

[75] Jeon B M, Sickles R C. The Role of Environmental Factors in Growth Accounting [J]. Journal of Applied Econometrics, 2004 (19): 567 – 591.

[76] Johnstone N, Haščič I., Kalamova M. Environmental Pol-

icy Design Characteristics and Technological Innovation: Evidence from Patent Data [R]. OECD Publishing, 2010.

[77] Johnstone N, Haščič I, Poirier J, et al. Environmental Policy Stringency and Technological Innovation: Evidence from Survey Data and Patent Counts [J]. Applied Economics, 2011, 44 (17): 2157 – 2170.

[78] Jorgenson D W, Wilcoxen P J. Environmental Regulation and U. S. Economic Growth [J]. Rand Journal of Economics, 1990, 21 (2): 314 – 340.

[79] Kathuria V. Informal Regulation of Pollution in a Developing Country: Evidence from India [J]. Ecological Economics, 2007, 63 (2 – 3): 403 – 417.

[80] Kinoshita Y. R&D and Technology Spillovers via FDI: Innovation and Absorptive Capacity [EB/OL]. William Davidson Institute Working Paper No. 349. November 2000. Available at < http://ssrn. com/abstract = 258194 or http://dx. doi. org/10. 2139/ ssrn. 258194 >. Accessed on 18th May 2016.

[81] Kneller R, Manderson E. Environmental Regulations and Innovation Activity in UK Manufacturing Industries [J]. Resource and Energy Economics, 2012, 34 (2): 211 – 235.

[82] Kogan L, Livdan D, Yaron A. Oil Futures Prices in a Production Economy with Investment Constraints [J]. Journal of Finance, 2004, 64 (3): 1345 – 1375.

[83] Konisky D M, Woods N D. Exporting Air Pollution? Regulatory Enforcement and Environmental Free Riding in the United States [J]. Political Research Quarterly, 2010, 63 (4): 771 – 782.

[84] Konisky D M. Regulatory Competition and Environmental

Enforcement: Is There a Race to the Bottom? [J]. American Journal of Political Science, 2007, 51 (4): 853 – 872.

[85] Krugman P. Scale Economies, Product Differentiation, and the Pattern of Trade [J]. The American Economic Review, 1980, 70 (5): 950 – 959.

[86] Kuipers S K, Nantjes A. Pollution in a Neo – Classical World: The Classics Rehabilitated [J]. Economist, 1973, 121 (1): 52 – 67.

[87] Kumar S. Environmentally Sensitive Productivity Growth: A Global Analysis Using Malmquist – Luenberger Index [J]. Ecological Economics, 2006 (56): 280 – 293.

[88] Kuosmanen T, Bijsterbosch N, Dellink R. Environmental Cost – Benefit Analysis of Alternative Timing Strategies in Greenhouse Gas Abatement: A Data Envelopment Analysis Approach [J]. Ecological Economics, 2009, 68 (6): 1633 – 1642.

[89] Lanjouw J O, Mody A. Innovation and International Diffusion of Environmentally Responsive Technology [J]. Research Policy, 1996 (25): 549 – 571.

[90] Lanoie P, Laurent – Lucchetti J, Johnstone N, et al. Environmental Policy, Innovation and Performance: New Insights on the Porter Hypothesis [J]. Journal of Economics and Management Strategy, 2007, 20 (3): 803 – 842.

[91] Lanoie P, Patry M, Lajeunesse R. Environmental Regulation and Productivity Testing the Porter Hypothesis [J]. Journal of Productivity Analysis, 2008 (30): 121 – 128.

[92] Levinsohn J, Petrin A. Estimating Production Functions Using Inputs to Control for Unobservables [J]. The Review of Economic

Studies, 2003, 70 (2): 317 - 341.

[93] Levinson A. Environmental Regulation and Manufactures' Location Choices: Evidence from the Census of Manufactures [J]. Journal of Public Economics, 1996, 62 (1/2): 5 - 29.

[94] Li H, Shi J F. Energy Efficiency Analysis on Chinese Industrial Sectors: An Improved Super - SBM Model with Uundesirable Outputs [J]. Journal of Cleaner Production, 2014, 65 (4): 97 - 107.

[95] Lindmark M, Vikstrom P. Global Convergence in Productivity? A Distance Function Approach to Technical Change and Efficiency Improvements [C]. Paper for the conference, Catching - up Growth and Technology Transfers in Asia and Western Europe, Groningen, 2003: 17 - 18.

[96] List J A, Co C Y. The Effects of Environmental Regulations on Foreign Direct Investment [J]. Journal of Environmental Economics and Management, 2000, 40 (1): 1 - 20.

[97] Liu X, Siler P, Wang C, et al. Productivity Spillovers from Foreign Direct Investment: Evidence from UK Industry Level Panel Data [J]. Journal of International Business Studies, 2000, 31 (3): 407 - 425.

[98] Ljungwall C, Linde - Rahr M. Environmental Policy and the Location of Foreign Direct Investment in China [EB/OL]. China Center for Economic Research, December 2005. Available at < http: //saber. eaber. org/system/tdf/documents/CCER _ Ljungwall_ 2005. pdf? file = 1&type = node&id = 22020&force = >. Accessed on 4th September, 2016.

[99] Low P. International Trade and the Environment [M]. The International Bank for Reconstruction and Development/The World

Bank, Washington D. C. , 1992.

[100] Lozano S, Gutiérrez E. Slacks – based Measure of Efficiency of Airports with Airplanes Delays as Undesirable Outputs [J]. Computers and Operations Research, 2011, 38 (1): 131 – 139.

[101] Lozano S, Gutiérrez E, Moreno P. Network DEA Approach to Airports Performance Assessment Considering Undesirable Outputs [J]. Applied Mathematical Modeling, 2013, 37 (4): 1665 – 1676.

[102] Lundqvist L J. Implementation from Above: The Ecology of Power in Sweden's Environmental Governance [J]. Governance, 2010, 14 (3): 319 – 337.

[103] Maddison D. Modelling Sulphur Emissions in Europe: A Spatial Econometric Approach [J]. Oxford Economic Paper, 2007, 59 (4): 726 – 743.

[104] Maleyeff J. Quantitative Models for Performance Evaluation and Benchmarking: DEA With Spreadsheets and DEA Excel Solver [J]. Benchmarking An International Journal, 2003, 12 (2): 180 – 182.

[105] Malmquist S. Index Numbers and Indifference Surfaces [J]. Trabajos de Estadisticay de Investigacion Operativa, 1954, 4 (2): 209 – 242.

[106] Managi S, Kaneko S. Environmental Productivity in China [J]. Economics Bulletin, 2004, 17 (2): 1 – 10.

[107] Managi S, Opaluch J J, Jin D, et al. Technological Change and Petroleum Exploration in the Gulf of Mexico [J]. Energy Policy, 2005, 33 (5): 619 – 632.

[108] Mohr R D. Technical Change, External Economies, and the Porter Hypothesis [J]. Journal of Environmental Economics and

Management, 2002, 43 (1): 158 – 168.

[109] Paglin M. Malthus and Lauderdale: The Anti – Ricardian Tradition [M]. New York: Augustus M. Kelley, 1961: 45 – 46.

[110] Nanere M, Fraser I, Quazi A, et al. Environmentally Adjusted Productivity Measurement: An Australian Case Study [J]. Journal of Environmental Management, 2007, 85 (2): 350 – 62.

[111] Rosenberg N. Innovative Responses to Materials Shortages [J]. American Economic Review, 1973 (13): 116.

[112] OECD. Environmental Innovation and Global Markets [M]. Paris: Organization for Economic Cooperation and Development, 2008: 79.

[113] OECD. Interim Report of the Green Growth Strategy: Implementing Our Commitment for a Sustainable Future [EB/OL]. 2010. Available at < http: //docplayer. net/324484 – Interim – report – of – the – green – growth – strategy – implementing – our – commitment – for – a – sustainable – future. html >. Accessed on 9th January 2016.

[114] OECD. Towards Green Growth. Paris: Organisation for Economic Co – operation and Development. 2011.

[115] Oh D. A Global Malmquist – Luenberger Productivity Index [J]. Journal of Productivity Analysis, 2010, 34 (3): 183 – 197.

[116] Pargal S, Wheeler D. Informal Regulation of Industrial Pollution in Developing Countries [J]. Journal of Political Economy, 1996, 104 (6): 1314 – 1327.

[117] Popp D C. The Effect of New Technology on Energy Consumption [J]. Resource and Energy Economics, 2001, 23 (3): 215 – 239.

[118] Popp D. Induced Innovation and Energy Prices [J]. American Economic Review, 2002, 92 (1): 160 – 180.

[119] Popp D. International Innovation and Diffusion of Air Pollution Control Technologies: The Effects of NOx and SO$_2$ Regulation in the US, Japan, and Germany [J]. Journal of Environmental Economics and Management, 2006, 51 (1): 46 – 71.

[120] Popp D, Newell R G, Jaffe A B. Energy, the Environment, and Technological Change [J]. Handbook of the Economics of Innovation, 2010 (2): 873 – 937.

[121] Porter M E. Towards a Dynamic Theory of Strategy [J]. Strategic Management Journal, 1991, 12 (S2): 95 – 117.

[122] Porter M E, Van der Linde C. Toward a New Conception of the Environment – Competitiveness Relationship [J]. The Journal of Economic Perspectives, 1995, 9 (4): 97 – 118.

[123] Quiroga M, Sterner T, Persson M. Have Countries with Lax Environmental Regulations a Comparative Advantage in Polluting Industries? [J]. Working Papers in Economics, 2007 (RFF DP 07 – 08).

[124] Ratnayake R. Does Enviromental Regulation Stimulate Innovative Responses? Evidence from U. S. Manufacturing [R] . Department of Economics Working Paper Series No. 188, 1999. Available at < https://researchspace. auckland. ac. nz/handle/2292/140 > . Accessed on 14th August 2016.

[125] Revesz R L. Federalism and Environmental Regulation: Lessons for the European Union and the International Community [J]. Virginia Law Review, 1997 (1): 1331 – 1346.

[126] Revesz R L. Rehabilitating Interstate Competition: Re-

thinking the Race – to – the – Bottom Rationale for Federal Environmental Regulation [J]. NYUL Rev. , 1992 (67): 1210.

[127] Ricci F. Environmental Policy and Growth When Inputs are Differentiated in Pollution Intensity [J]. Environmental and Resource Economics, 2007, 38 (3): 285 – 310.

[128] Romer D. A Simple General Equilibrium Version of the Baumol – Tobin Model [J]. Quarterly Journal of Economics, 1986, 101 (101): 663 – 685.

[129] Samuelson P A, Nordhaus W D. Microeconomics. ISE Editions [M]. New York: McGraw – Hill Education, 2011.

[130] Samuelson P A. The Pure Theory of Public Expenditure [J]. The Review of Economics and Statistics, 1954, 36 (4): 387 – 389.

[131] Scheel H. Undesirable Outputs in Efficiency Valuations [J]. European Journal of Operational Research, 2001, 132 (2): 400 – 410.

[132] Schmalensee R. The Costs of Environmental Protection [J]. Science, 2009, 139 (3554): 805 – 820.

[133] Seiford L M, Zhu J. Modeling Undesirable Factors in Efficiency Evaluation [J]. European Journal of Operational Research, 2002, 142 (1): 16 – 20.

[134] Shadbegian R J, Gray W B. Assessing Multi – Dimensional Performance: Environmental and Economic Outcomes [J]. Journal of Productivity Analysis, 2006, 26 (3): 213 – 234.

[135] Shandra J M, Shor E. Debt, Structural Adjustment, and Organic Water Pollution: A Cross – National Analysis [J]. Organization and Environment, 2008, 21 (1): 38 – 55.

[136] Shephard R W. Theory of Cost and Production Functions [M]. Princeton: Princeton University Press, 1970.

[137] Simpson R D, Bradford III R L. Taxing Variable Cost: Environmental Regulation as Industrial Policy [J]. Journal of Environmental Economics and Management, 1996, 30 (3): 282 – 300.

[138] Sinn H W. Public Policies against Global Warming [J]. Social Science Electronic Publishing, 2007, 15 (8): 360 – 394.

[139] Solow R M. A Contribution to the Theory of Economic Growth [J]. Quarterly Journal of Economics, 1956, 70 (1): 65 – 94.

[140] Stefanski R L. Essays on Structural Transformation in International Economics [M]. Dissertations & Theses – Gradworks, 2009.

[141] Stern D I. Explaining Changes in Global Sulfur Emissions: An Econometric Decomposition approach [J]. Ecological Economics, 2002, 42 (1 – 2): 201 – 220.

[142] Thomas V J, Sharma S, Jain S K. Using Patents and Publications to Assess R&D Efficiency in the States of the USA [J]. World Patent Information, 2011, 33 (1): 4 – 10.

[143] Tone K. Dealing with Undesirable Outputs in DEA: A Slacks – Based Measure (SBM) Approach [R]. GRIPS Research Report Series I, 2003 – 2005: 1 – 18.

[144] Tone K. A Slacks – Based Measure of Efficiency in Data Envelopment Analysis [J]. European Journal of Operational Research, 2001, 130 (3): 498 – 509.

[145] Tone K. A Slacks – Based Measure of Super – Efficiency in Data Envelopment Analysis [J]. European Journal of Operational Research, 2002, 143 (1): 32 – 41.

[146] Tone K. Slacks – Based Measure of Efficiency [M].

Handbook on Data Envelopment Analysis. Springer US, 2011: 195 – 209.

[147] U. S. Energy Information Administration. International Energy Outlook 2016: Chapter 9. Energy – related CO2 Emissions [EB/OL] . < http://www. eia. gov/forecasts/ieo/emissions. cfm > , 2016 – 05 – 11/2016 – 05 – 15.

[148] Ulph A. Harmonization and Optimal Environmental Policy in a Federal System with Asymmetric Information [J]. Journal of Environmental Economics and Management, 2000, 39 (2): 224 – 241.

[149] UNEP. Towards a Green Economy: Pathways to Sustainable Development and Poverty Eradication – A Synthesis for Policy Makers [EB/OL] . Nairobi: United Nations Environment Programme. Available at < http: //www. unep. org/green economy/Portals/88/documents/ger/GER_ synthesis_ en. pdf, 2011 – 03 – 17/ 2016 – 04 – 21 > Accessed on 25th March 2015.

[150] Van Beers C, Van den Bergh J C J M. An Empirical Multi – Country Analysis of the Impact of Environmental Regulations on Foreign Trade Flows [J]. Kyklos, 1997, 50 (1): 29 – 46.

[151] Wagner M. On the Relationship between Environmental Management, Environmental Innovation and Patenting: Evidence from German Manufacturing Firms [J]. Research Policy, 2007, 36 (10): 1587 – 1602.

[152] Wang Y, Shen N. Environmental Regulation and Environmental Productivity: The Case of China [J]. Renewable and Sustainable Energy Reviews, 2016 (62): 758 – 766.

[153] Woods N D. Interstate Competition and Environmental Regulation: A Test of the Race – to – the – Bottom Thesis [J]. Social

Science Quarterly, 2006, 87 (1): 174 - 189.

[154] World Bank. Inclusive Green Growth: The Path Way to Sustainable Development [EB/OL]. 10th May 2012. Available at < http: //si – te resources. Worldbank. org/EXTSDNET/Resources >. Accessed on 3rd May 2015.

[155] Xepapadeas A, Tzouvelekas V, Vouvaki D. Total Factor Productivity Growth and the Environment: A Case for Green Growth Accounting [J]. Ssrn Electronic Journal, 2007 (1): 1 - 30.

[156] Xepapadeas A, Zeeuw A D. Environmental Policy and Competitiveness: The Porter Hypothesis and the Composition of Capital [J]. Journal of Environmental Economics and Management, 1999, 37 (2): 165 - 182.

[157] Xing Y, Kolstad C D. Do Lax Environmental Regulations Attract Foreign Investment? [J]. Environmental and Resource Economics, 2002, 21 (1): 1 - 22.

[158] Yang C H, Tseng Y H, Chen C P. Environmental Regulations, Induced R&D, and Productivity: Evidence from Taiwan's Manufacturing Industries [J]. Resource and Energy Economics, 2012, 34 (4): 514 - 532.

[159] Yoruk B, Zaim O. Productivity Growth in OECD Countries: A Comparison with Malmquist Index [J]. Journal of Comparative Economics, 2005 (33): 401 - 420.

[160] Yu M M. Assessment of Airport Performance Using the SBM – NDEA Model [J]. Omega, 2010, 38 (6): 440 - 452.

[161] Zofio J L. Malmquist Productivity Index Decompositions: a Unifying Framework [J]. Applied Economics, 2007, 39 (18): 2371 - 2387.

［162］白俊红，江可申，李婧．中国地区研发创新的技术效率与技术进步［J］．科研管理，2010（6）：7－18.

［163］白俊红，蒋伏心．协同创新，空间关联与区域创新绩效［J］．经济研究，2015，50（7）：174－187.

［164］毕功兵，梁樑，杨锋．两阶段生产系统的 DEA 效率评价模型［J］．中国管理科学，2007（2）：92－96.

［165］蔡虹，许晓雯．我国技术知识存量的构成与国际比较研究［J］．研究与发展管理，2005，17（4）：15－20.

［166］蔡宁，吴婧文，刘诗瑶．环境规制与绿色工业全要素生产率——基于我国 30 个省市的实证分析［J］．辽宁大学学报（哲学社会科学版），2014，42（1）：65－73.

［167］蔡宁，郭斌．从环境资源稀缺性到可持续发展：西方环境经济理论的发展变迁［J］．经济科学，1996（6）：59－66.

［168］曹东，赵学涛，杨威杉．中国绿色经济发展和机制政策创新研究［J］．中国人口·资源与环境，2012，22（5）：48－54.

［169］曹霞，于娟．绿色低碳视角下中国区域创新效率研究［J］．中国人口·资源与环境，2015（5）：10－19.

［170］陈德敏，张瑞．环境规制对中国全要素能源效率的影响——基于省际面板数据的实证检验［J］．经济科学，2012（4）：49－65.

［171］陈坤铭，季彦达，张光南．环保政策对"中国制造"生产效率的影响［J］．统计研究，2013，30（9）：37－43.

［172］陈诗一．能源消耗、二氧化碳排放与中国工业的可持续发展［J］．经济研究，2009（4）：43－57.

［173］陈诗一．中国的绿色工业革命：基于环境全要素生产率视角的解释（1980－2008）［J］．经济研究，2010（11）：21－34.

［174］陈诗一．中国工业分行业统计数据估算：1980—2008

［J］. 经济学（季刊），2011（3）：735 -776.

　　［175］崔立志，常继发. 非正式环境规制的就业效应研究——基于空间面板杜宾模型的实证分析［J］. 广西财经学院学报，2018，31（5）：49 -61.

　　［176］董敏杰，梁咏梅，李钢. 环境规制对中国出口竞争力的影响——基于投入产出表的分析［J］. 中国工业经济，2011（3）：57 -67.

　　［177］樊福卓. 一种改进的产业结构相似度测度方法［J］. 数量经济技术经济研究，2013（7）：98 -115.

　　［178］傅京燕，李丽莎. 环境规制、要素禀赋与产业国际竞争力的实证证研究——基于中国制造业的面板数据［J］. 管理世界，2010（10）：87 -98.

　　［179］干春晖，郑若谷，余典范. 中国产业结构变迁对经济增长和波动的影响［J］. 经济研究，2011（5）：4 -16.

　　［180］高红贵. 中国绿色经济发展中的诸方博弈研究［J］. 中国人口·资源与环境，2012，22（4）：13 -18.

　　［181］弓媛媛. 环境规制对中国绿色经济效率的影响——基于30个省份的面板数据的分析［J］. 城市问题，2018（8）：68 -78.

　　［182］龚海林. 产业结构视角下环境规制对经济可持续增长的影响研究［D］. 江西财经大学，2012.

　　［183］官建成，陈凯华. 我国高技术产业技术创新效率的测度［J］. 数量经济技术经济研究，2009（10）：19 -33.

　　［184］郭妍，张立光. 环境规制对全要素生产率的直接与间接效应［J］. 管理学报，2015，12（6）：903 -910.

　　［185］韩晶，陈超凡，冯科. 环境规制促进产业升级了吗？——基于产业技术复杂度的视角［J］. 北京师范大学学报（社会科学版），2014（1）：148 -160.

［186］韩晶，刘远，张新闻．市场化、环境规制与中国经济绿色增长［J］．经济社会体制比较，2017（5）：105 - 115.

［187］韩晶．中国高技术产业创新效率研究——基于 SFA 方法的实证分析［J］．科学学研究，2010，28（3）：467 - 472.

［188］韩晶．中国区域绿色创新效率研究［J］．财经问题研究，2012（11）：130 - 137.

［189］韩元军，林坦，殷书炉．中国的环境规制强度与区域工业效率研究：1999 - 2008［J］．上海经济研究，2011（10）：102 - 113.

［190］郝丽芳．山西经济结构调整中的行业创新效率研究［D］．山西大学，2011.

［191］何枫，祝丽云，马栋栋等．中国钢铁企业绿色技术效率研究［J］．中国工业经济，2015（7）：84 - 98.

［192］何慧爽．环境质量、环境规制与产业结构优化——基于中国东、中、西部面板数据的实证分析［J］．地域研究与开发，2015，34（1）：105 - 110.

［193］胡鞍钢，周绍杰．绿色发展：功能界定、机制分析与发展战略［J］．中国人口·资源与环境，2014（1）：14 - 20.

［194］华振．我国绿色创新能力评价及其影响因素的实证分析——基于 DEA - Malmquist 生产率指数分析法［J］．技术经济，2011，30（9）：36 - 41.

［195］黄德春，刘志彪．环境规制与企业自主创新——基于波特假设的企业竞争优势构建［J］．中国工业经济，2006（3）：100 - 106.

［196］黄建欢，杨晓光，胡毅．资源、环境和经济的协调度和不协调来源——基于 CREE - EIE 分析框架［J］．中国工业经济，2014（7）：17 - 30.

［197］黄亮雄，安苑，刘淑琳．中国的产业结构调整：基于三个维度的测算［J］．中国工业经济，2013（10）：70-82．

［198］黄奇，苗建军，李敬银等．基于绿色增长的工业企业技术创新效率空间外溢效应研究［J］．经济体制改革，2015（4）：109-115．

［199］贾军，张伟．绿色技术创新中路径依赖及环境规制影响分析［J］．科学学与科学技术管理，2014（5）：44-52．

［200］蒋伏心，王竹君，白俊红．环境规制对技术创新影响的双重效应——基于江苏制造业动态面板数据的实证研究［J］．中国工业经济，2013（7）：44-55．

［201］金春雨，王伟强．环境约束下我国三大城市群全要素生产率的增长差异研究——基于 Global Malmquist – Luenberger 指数方法［J］．上海经济研究，2016（1）：5-14．

［202］兰德尔．资源经济学［M］．北京：商务印书馆，1989：115．

［203］李斌，彭星，欧阳铭珂．环境规制、绿色全要素生产率与中国工业发展方式转变——基于 36 个工业行业数据的实证研究［J］．中国工业经济，2013（4）：56-68．

［204］李斌，彭星．环境机制设计、技术创新与低碳绿色经济发展［J］．社会科学，2013（6）：50-57．

［205］李斌，赵新华．经济结构、技术进步与环境污染——基于中国工业行业数据的分析［J］．财经研究，2011，37（4）：112-122．

［206］李静，沈伟．环境规制对中国工业绿色生产率的影响——基于波特假说的再检验［J］．山西财经大学学报，2012（2）：56-65．

［207］李玲，陶锋．中国制造业最优环境规制强度的选

择——基于绿色全要素生产率的视角[J].中国工业经济，2012
（5）：70-82.

[208] 李平，慕绣如．波特假说的滞后性和最优环境规制强
度分析——基于系统 GMM 及门槛效果的检验[J]．产业经济研
究，2013（4）：21-29.

[209] 李平，慕绣如．环境规制技术创新效应差异性分析
[J]．科技进步与对策，2013（6）：103-108.

[210] 李强．环境规制与产业结构调整——基于 Baumol 模
型的理论分析与实证研究[J]．经济评论，2013（5）：100-
107，146.

[211] 李胜兰，初善冰，申晨．地方政府竞争、环境规制与
区域生态效率[J].世界经济，2014（4）：88-110.

[212] 李胜文，李新春，杨学儒．中国的环境效率与环境管
制——基于 1986~2007 年省级水平的估算[J]．财经研究，2010，
36（2）：59-68.

[213] 李树，陈刚．环境管制与生产率增长——以 AP-
PCL2000 的修订为例[J]．经济研究，2013（1）：17-31.

[214] 李树，陈刚．中国环保产业发展与经济增长效率——
基于 TFP 视角的实证检验[J]．经济管理，2011（12）：18-24.

[215] 李婉红，毕克新，孙冰．环境规制强度对污染密集行业
绿色技术创新的影响研究[J].研究与发展管理，2013（6）：72-81.

[216] 李晓钟，张小蒂．外商直接投资对我国技术创新能力
影响及地区差异分析[J].中国工业经济，2008（9）：77-87.

[217] 李艳军，华民．中国城市经济的绿色效率及其影响因
素研究[J]．城市与环境研究，2014（2）：36-52.

[218] 李阳，党兴华，韩先锋等．环境规制对技术创新长短
期影响的异质性效应——基于价值链视角的两阶段分析[J]．科

学学研究, 2014 (6): 937 -949.

[219] 林伯强, 蒋竺均. 中国二氧化碳的环境库兹涅茨曲线预测及影响因素分析[J]. 管理世界, 2009 (4): 27 -36.

[220] 林伯强, 刘希颖. 中国城市化阶段的碳排放: 影响因素和减排策略[J]. 经济研究, 2010 (8): 66 -78.

[221] 林伯强, 邹楚沅. 发展阶段变迁与中国环境政策选择[J]. 中国社会科学, 2014 (5): 81 -95.

[222] 林丽梅. 金融发展、科技创新与绿色增长[D]. 南昌大学, 2018.

[223] 刘凤朝, 沈能. 基于专利结构视角的中国区域创新能力差异研究[J]. 管理评论, 2006, 18 (11): 43 -47.

[224] 刘华军, 杨骞. 环境污染、时空依赖与经济增长[J]. 产业经济研究, 2014 (1): 81 -91.

[225] 刘洋, 万玉秋. 跨区域环境治理中地方政府间的博弈分析[J]. 环境保护科学, 2010, 36 (1): 34 -36

[226] 刘勇, 李志祥, 李静. 环境效率评价方法的比较研究[J]. 数学的实践与认识, 2010 (1): 84 -92.

[227] 娄昌龙. 环境规制、技术创新与劳动就业[D]. 重庆大学, 2016.

[228] 陆静超. 经济增长理论的沿革与创新——评新古典增长理论与新增长理论[J]. 哈尔滨工业大学学报 (社会科学版), 2004, 6 (5): 94 -98.

[229] 罗会军, 范如国, 罗明. 中国能源效率的测度及演化分析[J]. 数量经济技术经济研究, 2015 (5): 54 -71.

[230] 罗慧, 霍有光, 胡彦华等. 可持续发展理论综述[J]. 西北农林科技大学学报 (社会科学版), 2004 (1): 35 -38.

[231] 吕延方, 王冬, 陈树文. 进出口贸易对生产率、收

入、环境的门限效应——基于 1992～2010 年我国省际人均 GDP 的非线性面板模型[J]. 经济学（季刊），2015（2）：291－318.

[232] 马丽梅，张晓. 中国雾霾污染的空间效应及经济能源结构影响[J]. 中国工业经济，2014（4）：19－31.

[233] 马士国. 环境规制工具的设计与实施效应[M]. 上海：上海三联出版社，2009：70.

[234] 马占新等. 数据包络分析及其应用案例[M]. 北京：科学出版社，2013.

[235] 牛先锋. 树立贯彻"五位一体"的发展新理念. [EB/OL]. 人民网，http：//theory. people. com. cn/n/2015/1102/c40531－27765451. html，2015－11－02/2016－01－15.

[236] 潘文卿. 外商投资对中国工业部门的外溢效应：基于面板数据的分析[J]. 世界经济，2003（6）：3－7.

[237] 潘文卿. 中国的区域关联与经济增长的空间溢出效应[J]. 经济研究，2012（10）：54－65.

[238] 庞瑞芝，李鹏，路永刚. 转型期间我国新型工业化增长绩效及其影响因素研究——基于"新型工业化"生产力视角[J]. 中国工业经济，2011（4）：64－73.

[239] 庞瑞芝，李鹏. 中国新型工业化增长绩效的区域差异及动态演进[J]. 经济研究，2011（11）：36－47.

[240] 彭团圆. 环境规制的综合理论研究[J]. 当代经济，2012（3）：126－128.

[241] 彭星，李斌. 不同类型环境规制下中国工业绿色转型问题研究[J]. 财经研究，2016，42（7）：134－144.

[242] 皮尔斯. 绿色经济的蓝图[M]. 北京：北京师范大学出版社，1997.

[243] 齐亚伟，陶长琪. 我国区域环境全要素生产率增长的

测度与分解——基于 Global Malmquist – Luenberger 指数[J]. 上海经济研究, 2012 (10): 3 – 13, 36.

[244] 钱丽, 肖仁桥, 陈忠卫. 我国工业企业绿色创新效率及其区域差异研究——基于共同前沿理论和 DEA 模型[J]. 经济理论与经济管理, 2015 (1): 26 – 43.

[245] 钱争鸣, 刘晓晨. 我国绿色经济效率的区域差异及收敛性研究[J]. 厦门大学学报 (哲学社会科学版), 2014a (1): 110 – 118.

[246] 钱争鸣, 刘晓晨. 环境管制与绿色经济效率[J]. 统计研究, 2015, 32 (7): 12 – 18.

[247] 钱争鸣, 刘晓晨. 环境管制、产业结构调整与地区经济发展[J]. 经济学家, 2014b (7): 73 – 81.

[248] 钱争鸣, 刘晓晨. 中国绿色经济效率的区域差异与影响因素分析[J]. 中国人口·资源与环境, 2013, 23 (7): 104 – 109.

[249] 屈小娥. 行业特征、环境管制与生产率增长——基于"波特假说"的检验[J]. 软科学, 2015, 29 (2): 24 – 27.

[250] 任胜钢, 蒋婷婷, 李晓磊等. 中国环境规制类型对区域生态效率影响的差异化机制研究[J]. 经济管理, 2016 (1): 157 – 165.

[251] 任耀, 牛冲槐, 牛彤等. 绿色创新效率的理论模型与实证研究[J]. 管理世界, 2014 (7): 176 – 177.

[252] 任仲发. "十二五"规划: 绿色发展 建设资源节约型、环境友好型社会 [EB/OL]. 新华社, http://news. cntv. cn/20110306/103157. shtml, 2011 – 03 – 06/2014 – 08 – 23.

[253] 萨缪尔森, 诺德豪斯. 经济学[M]. 北京: 华夏出版社, 1999: 263.

[254] 沈能, 刘凤朝. 高强度的环境规制真能促进技术创新

吗？——基于"波特假说"的再检验[J]. 中国软科学, 2012 (4)：49 - 59.

[255] 沈能. 环境规制对区域技术创新影响的门槛效应[J]. 中国人口·资源与环境, 2012, 22 (6)：12 - 16.

[256] 沈能. 环境效率、行业异质性与最优规制强度——中国工业行业面板数据的非线性检验[J]. 中国工业经济, 2012 (3)：56 - 68.

[257] 石磊, 李梅. 关于绿色发展科技创新人才的几点思考[J]. 今日科苑, 2019 (3)：77 - 81.

[258] 石敏俊. 中国经济绿色发展理论研究的若干问题[J]. 环境经济研究, 2017 (4)：1 - 6.

[259] 石敏俊. 中国经济绿色发展的理论内涵［EB/OL］. 光明日报. http：//www. qstheory. cn/zoology/2017 - 10/19/c_1121826843. htm.

[260] 史忠良, 赵立昌. 绿色发展背景下我国产业结构调整[J]. 管理学刊, 2011, 24 (1)：32 - 37.

[261] 宋德勇, 邓捷, 弓媛媛. 我国环境规制对绿色经济效率的影响分析[J]. 学习与实践, 2017 (3)：23 - 33.

[262] 宋马林, 王舒鸿. 环境规制、技术进步与经济增长[J]. 经济研究, 2013 (3)：122 - 134.

[263] 孙学敏, 王杰. 环境规制对中国企业规模分布的影响[J]. 中国工业经济, 2014 (12)：44 - 56.

[264] 陶长琪, 琚泽霞. 金融发展、环境规制与技术创新关系的实证分析——基于面板门槛回归模型[J]. 江西师范大学学报（自然科学版）, 2015, 39 (1)：27 - 33.

[265] 陶长琪, 齐亚伟, 中国省际全要素生产率的空间差异与变动趋势［J］. 科研管理, 2012 (11)：32 - 39.

［266］童伟伟，张建民．环境规制能促进技术创新吗——基于中国制造业企业数据的再检验［J］．财经科学，2012（11）：66－74．

［267］涂正革，谌仁俊．工业化、城镇化的动态边际碳排放量研究——基于 LMDI"两层完全分解法"的分析框架［J］．中国工业经济，2013（9）：31－43．

［268］涂正革，谌仁俊．排污权交易机制在中国能否实现波特效应？［J］．经济研究，2015（7）：160－173．

［269］涂正革，肖耿．环境约束下的中国工业增长模式研究［J］．世界经济，2009（11）：41－54．

［270］涂正革，肖耿．中国的工业生产力革命——用随机前沿生产模型对中国大中型工业企业全要素生产率增长的分解及分析［J］．经济研究，2005（3）：4－15．

［271］涂正革，谌仁俊．传统方法测度的环境技术效率低估了环境治理效率？——来自基于网络 DEA 的方向性环境距离函数方法分析中国工业省级面板数据的证据［J］．经济评论，2013（5）：89－99．

［272］涂正革．环境、资源与工业增长的协调性［J］．经济研究，2008（2）：93－105．

［273］万伦来，朱琴．R&D 投入对工业绿色全要素生产率增长的影响——来自中国工业 1999～2010 年的经验数据［J］．经济学动态，2013（9）：20－26．

［274］万永坤，董锁成，王隽妮等．产业结构调整与环境污染联动效应研究［C］//中国自然资源学会 2011 年学术年会，2011．

［275］王兵，刘光天．节能减排与中国绿色经济增长——基于全要素生产率的视角［J］．中国工业经济，2015（5）：57－69．

［276］王兵，吴延瑞，颜鹏飞．环境管制与全要素生产率增长：APEC 的实证研究［J］．经济研究，2008（5）：19－32．

［277］王兵，黄人杰．中国区域绿色发展效率与绿色全要素生产率：2000～2010——基于参数共同边界的实证研究［J］．产经评论，2014（1）：16－35．

［278］王兵，刘光天．节能减排与中国绿色经济增长——基于全要素生产率的视角［J］．中国工业经济，2015（5）：59－71．

［279］王兵，吴延瑞，颜鹏飞．中国区域环境效率与环境全要素生产率增长［J］．经济研究，2010（5）：95－109．

［280］王海龙，连晓宇，林德明．绿色技术创新效率对区域绿色增长绩效的影响实证分析［J］．科学学与科学技术管理，2016（6）：80－87．

［281］王惠，王树乔，苗壮．研发投入对绿色创新效率的异质门槛效应——基于高技术产业的经验研究［J］．科研管理，2016（2）：63－71．

［282］王家庭．环境约束条件下中国城市经济效率测度［J］．城市问题，2012（7）：18－23．

［283］王杰，刘斌．环境规制与企业全要素生产率——基于中国工业企业数据的经验分析［J］．中国工业经济，2014（3）：44－56．

［284］王俊．清洁技术创新的制度激励研究［D］．华中科技大学，2015．

［285］王俊．碳排放权交易制度与清洁技术偏向效应［J］．经济评论，2016（2）：29－47．

［286］王凯．环境规制对我国工业行业出口竞争力的影响——以污染密集型行业为例［J］．价格理论与实践，2012（1）：80－81．

［287］王奇，吴华峰，李明全．基于博弈分析的区域环境合作及收益分配研究［J］．中国人口·资源与环境，2014，24（10）：11－16．

［288］王文普，印梅．空间溢出、环境规制与技术创新［J］.
财经论丛（浙江财经学院学报），2015（12）：92-99.

［289］王文普．环境规制的经济效应研究［D］.山东大
学，2012.

［290］王文普．环境规制、空间溢出与地区产业竞争力［J］.
中国人口·资源与环境，2013a，23（8）：123-130.

［291］王文普．环境规制与经济增长研究——作用机制与中
国实证［M］.北京：经济科学出版社，2013b.

［292］王新利，张广胜．微观经济学［M］.北京：中国农业
出版社，2007：316.

［293］王燕．环境问题的经济学分析——兼论推进环境规制
改革的必要性［J］.商业经济，2009（24）：24-26.

［294］王宇澄．基于空间面板模型的我国地方政府环境规制
竞争研究［J］.管理评论，2015，27（8）：23-32.

［295］王志华，陈圻．测度长三角制造业同构的几种方
法——基于时间序列数据的分析［J］.产业经济研究，2006（4）：
35-41.

［296］王志平．我国区域绿色技术创新效率的时空分异与仿
真模拟［D］.江西财经大学，2013.

［297］魏巍贤，杨芳．技术进步对中国二氧化碳排放的影响
［J］.统计研究，2010，27（7）：36-44.

［298］魏玮，毕超．环境规制、区际产业转移与污染避难所
效应——基于省级面板Poisson模型的实证分析［J］.山西财经大
学学报，2011（8）：69-75.

［299］温湖炜，周凤秀．环境规制与中国省域绿色全要素生
产率——兼论对《环境保护税法》实施的启示［J］.干旱区资源与
环境，2019，33（2）：9-15.

［300］邬义钧．我国产业结构优化升级的目标和效益评价方法［J］．中南财经政法大学学报，2006（6）：73－77．

［301］吴传清，刘方池．技术创新对区域经济发展的影响［J］．科技进步与对策，2003，20（4）：37－38．

［302］吴军．环境约束下的中国地区工业全要素生产率增长及收敛分析［J］．数量经济技术经济研究，2009（11）：17－27．

［303］吴清．环境规制与企业技术创新研究——基于我国30个省份数据的实证研究［J］．科技进步与对策，2011（18）：100－103．

［304］吴翔．中国绿色经济效率与绿色全要素生产率分析［D］．华中科技大学，2014．

［305］吴延兵．R&D存量，知识函数与生产效率［J］．经济学（季刊），2006，5（4）：1129－1156．

［306］吴玉鸣．外商直接投资对环境规制的影响［J］．国际贸易问题，2006（4）：111－116．

［307］吴玉鸣．中国省域能源消费的空间计量经济分析［J］．中国人口·资源与环境，2012（3）：93－98．

［308］夏友富．外商投资中国污染密集产业现状，后果及其对策研究［J］．管理世界，1999（3）：109－123．

［309］肖宏．环境规制约束下污染密集型企业越界迁移及其治理［D］．复旦大学，2008．

［310］肖兴志，李少林．环境规制对产业升级路径的动态影响研究［J］．经济理论与经济管理，2013（6）：102－112．

［311］谢宝剑，陈瑞莲．国家治理视野下的大气污染区域联动防治体系研究——以京津冀为例［J］．中国行政管理，2014（4）：6－10．

［312］谢伟，朱恒源．结构变化、技术和经济增长——结构

主义学派理论研究进展[J]．技术经济，1999（12）：8－10.

［313］熊艳．基于省际数据的环境规制与经济增长关系[J]．中国人口·资源与环境，2011（5）：126－131.

［314］熊鹰，徐翔．环境管制对中国外商直接投资的影响——基于面板数据模型的实证分析[J]．经济评论，2007（2）：122－124，160.

［315］徐成龙．环境规制下产业结构调整及其生态效应研究[D]．山东师范大学，2015.

［316］徐桂华，杨定华．外部性理论的演变与发展[J]．社会科学，2004（3）：26－30.

［317］徐开军，原毅军．环境规制与产业结构调整的实证研究——基于不同污染物治理视角下的系统GMM估计[J]．工业技术经济，2014（12）：101－109.

［318］徐盈之，杨英超，郭进．环境规制对碳减排的作用路径及效应——基于中国省级数据的实证分析[J]．科学学与科学技术管理，2015，36（10）：135－146.

［319］徐盈之，杨英超．环境规制对我国碳减排的作用效果和路径研究——基于脉冲响应函数的分析[J]．软科学，2015（4）：63－66，89.

［320］许冬兰，董博．环境规制对技术效率和生产力损失的影响分析[J]．中国人口·资源与环境，2009，19（6）：91－96.

［321］许士春，何正霞，龙如银．环境规制对企业绿色技术创新的影响[J]．科研管理，2012（6）：67－74.

［322］亚当·斯密．国富论（上、下）[M]．北京：商务印书馆，2014.

［323］颜华灿．环境规制对我国经济增长效率的影响研究[D]．华侨大学，2018.

［324］颜鹏飞，王兵．技术效率、技术进步与生产率增长：基于 DEA 的实证分析［J］．经济研究，2004（12）：55－65.

［325］杨芳．技术进步对中国二氧化碳排放的影响及政策研究［M］．北京：经济科学出版社，2013.

［326］杨海生，贾佳，周永章等．贸易、外商直接投资、经济增长与环境污染［J］．中国·人口资源与环境，2005，15（3）：99－103.

［327］杨俊，邵汉华．环境约束下的中国工业增长状况研究——基于 Malmquist－Luenberger 指数的实证研究［J］．数量经济技术经济研究，2009（9）：64－78.

［328］杨龙，胡晓珍．基于 DEA 的中国绿色经济效率地区差异与收敛分析［J］．经济学家，2010（2）：46－54.

［329］杨翔，李小平，周大川．中国制造业碳生产率的差异与收敛性研究［J］．数量经济技术经济研究，2015（12）：3－20.

［330］杨妍，孙涛．跨区域环境治理与地方政府合作机制研究［J］．中国行政管理，2009（1）：66－69.

［331］杨永忠，林明华．政府管制对技术进步的影响：文献分析与研究展望［J］．发展研究，2012（6）：107－112.

［332］殷宝庆．环境规制与我国制造业绿色全要素生产率——基于国际垂直专业化视角的实证［J］．中国人口·资源与环境，2012，22（12）：60－66.

［333］于斌斌．产业结构调整与生产率提升的经济增长效应——基于中国城市动态空间面板模型的分析［J］．中国工业经济，2015（12）：83－98.

［334］于峰，齐建国，田晓林．经济发展对环境质量影响的实证分析——基于 1999～2004 年各省市的面板数据［J］．中国工业经济，2006（8）：36－44.

［335］于文超．官员政绩诉求、环境规制与企业生产效率［D］．西南财经大学，2013.

［336］原毅军，刘柳．环境规制与经济增长：基于经济型规制分类的研究［J］．经济评论，2013（1）：27－33.

［337］原毅军，谢荣辉．FDI、环境规制与中国工业绿色全要素生产率增长——基于 Luenberger 指数的实证研究［J］．国际贸易问题，2015（8）：86－95.

［338］原毅军，谢荣辉．环境规制的产业结构调整效应研究——基于中国省际面板数据的实证检验［J］．中国工业经济，2014（8）：57－69.

［339］岳书敬，刘富华．环境约束下的经济增长效率及其影响因素［J］．数量经济技术经济研究，2009（5）：94－106.

［340］岳书敬．基于低碳经济视角的资本配置效率研究——来自中国工业的分析与检验［J］．数量经济技术经济研究，2011（4）：111－124.

［341］臧传琴，张菡．环境规制技术创新效应的空间差异——基于2000—2013年中国面板数据的实证分析［J］．宏观经济研究，2015（11）：74－85，143.

［342］詹湘东，王保林．区域知识管理对区域创新能力的影响研究［J］．管理学报，2015，12（5）：710－718.

［343］张成，陆旸，郭路等．环境规制强度和生产技术进步［J］．经济研究，2011（2）：113－124.

［344］张成，于同申，郭路．环境规制影响了中国工业的生产率吗——基于 DEA 与协整分析的实证检验［J］．经济理论与经济管理，2010（3）：11－17.

［345］张成．基于 S－C－P 范式的中国环境规制问题研究［M］．苏州：苏州大学出版社，2013.

［346］张翠菊，张宗益．中国省域产业结构升级影响因素的空间计量分析［J］．统计研究，2015（10）：32－37.

［347］张钢，张小军．国外绿色创新研究脉络梳理与展望［J］．外国经济与管理，2011，33（8）：25－32.

［348］张菡．中国环境规制绿色技术创新效应的研究［D］．山东财经大学，2014.

［349］张红凤等．环境保护与经济发展双赢的规制绩效实证分析［J］．经济研究，2009（3）：14－26.

［350］张宏军．西方外部性理论研究述评［J］．经济问题，2007，330（2）：14－16.

［351］张华，魏晓平．绿色悖论抑或倒逼减排——环境规制对碳排放影响的双重效应［J］．中国人口·资源与环境，2014（9）：21－29.

［352］张慧明，李廉水，孙少勤．环境规制对中国重化工业技术创新与生产效率影响的实证分析［J］．科技进步与对策，2012，29（16）：83－87.

［353］张江雪，蔡宁，杨陈．环境规制对中国工业绿色增长指数的影响［J］．中国人口·资源与环境，2015，25（1）：24－31.

［354］张军，陈诗一，Gary等．结构改革与中国工业增长［J］．经济研究，2009（7）：4－20.

［355］张军，吴桂英，张吉鹏．中国省际物质资本存量估算：1952—2000［J］．经济研究，2004（10）：35－44.

［356］张倩．环境规制对绿色技术创新影响的实证研究——基于政策差异化视角的省级面板数据分析［J］．工业技术经济，2015（7）：10－18.

［357］张同斌，高铁梅．财税政策激励、高新技术产业发展与产业结构调整［J］．经济研究，2012（5）：58－70.

［358］张伟，朱启贵，李汉文．能源使用、碳排放与我国全要素碳减排效率［J］．经济研究，2013（10）：138－150.

［359］张卫民，安景文，韩朝．熵值法在城市可持续发展评价问题中的应用［J］．数量经济技术经济研究，2003，20（6）：115－118.

［360］张先锋，韩雪，吴椒军．环境规制与碳排放："倒逼效应"还是"倒退效应"——基于2000—2010年中国省际面板数据分析［J］．软科学，2014，28（7）：136－139.

［361］张英浩，陈江龙，程钰．环境规制对中国区域绿色经济效率的影响机理研究——基于超效率模型和空间面板计量模型实证分析［J］．长江流域资源与环境，2018，27（11）：2407－2418.

［362］张志辉．中国区域能源效率演变及其影响因素［J］．数量经济技术经济研究，2015（8）：73－88.

［363］赵斌．关于绿色经济理论与实践的思考［J］．社会科学研究，2006（2）：44－47.

［364］赵红．环境规制对中国产业技术创新的影响［J］．经济管理，2007（21）：57－61.

［365］赵红．环境规制对中国产业绩效影响的实证研究［D］．山东大学，2007.

［366］赵细康．环境政策对技术创新的影响［J］．中国地质大学学报（社会科学版），2004，4（1）：24－28.

［367］赵玉民，朱方明，贺立龙．环境规制的界定、分类与演进研究［J］．中国人口·资源与环境，2009（6）：85－90.

［368］钟茂初，李梦洁，杜威剑．环境规制能否倒逼产业结构调整——基于中国省际面板数据的实证检验［J］．中国人口·资源与环境，2015（8）：107－115.

［369］周昌林，魏建良．产业结构水平测度模型与实证分

析——以上海、深圳、宁波为例［J］．上海经济研究，2007（6）：15－21．

［370］周凯，崇珅．"十三五"解析让绿色经济成为发展新"引擎"［EB/OL］．国际先驱导报，http：//roll．sohu．com/20151117/n426747757．shtml，2015－11－17/2016－02－10．

［371］周力．中国绿色创新的空间计量经济分析［J］．资源科学，2010，32（5）：932－939．

［372］朱平芳，徐伟民．政府的科技激励政策对大中型工业企业 R&D 投入及其专利产出的影响——上海市的实证研究［J］．经济研究，2003（6）：45－53．

［373］朱平芳，张征宇，姜国麟．FDI 与环境规制：基于地方分权视角的实证研究［J］．经济研究，2011（6）：133－145．

［374］朱有为，徐康宁．中国高技术产业研发效率的实证研究［J］．中国工业经济，2006（11）：38－45．